W0396257

Donau, Fürsten und Druiden

Die Kelten entlang der Donau

Eva Bayer-Niemeier – Sabine Hagmann – Ernst Lauermann (Hrsg.)

Museum für Urgeschichte des Landes Niederösterreich
Asparn a.d. Zaya
29.4.2006 - 26.11.2006

Keltenmuseum Heuneburg
Herbertingen-Hundersingen
1.4. 2007 - 9.9.2007

Museum Quintana-Archäologie in Künzing
Künzing
12.10.2007 - 28.7.2008

Impressum

Ausstellung:
Idee und Konzeption:
Eva Bayer-Niemeier,
Museum Quintana – Archäologie in Künzing
Sabine Hagmann,
Keltenmuseen Heuneburg
Ernst Lauermann,
Museum für Urgeschichte des Landes Niederösterreich, Asparn a.d. Zaya
Grafische Gestaltung:
Georg Lohmer
Josef Schwan
Modellbau:
Friedrich Höchsmann

Wir danken unseren Leihgebern:
Gäubodenmuseum Straubing
Institut für Ur- und Frühgeschichte der Universität Wien
Keltenmuseen Heuneburg
Kreisarchäologie Deggendorf
Kreisarchäologie Passau
Museum für Urgeschichte des Landes Niederösterreich Asparn/Zaya
Museen der Stadt Landshut
Museum Quintana – Archäologie in Künzing
Naturhistorisches Museum Wien, Prähistor. Abteilung
Prähistorische Staatssammlung München
Stadtarchäologie Passau
Stadtmuseum Deggendorf
Verein für Altertumskunde und Heimatpflege 1851 e.V.
Württembergisches Landesmuseum, Stuttgart

Begleitheft:
Herausgeber: Eva Bayer-Niemeier
Sabine Hagmann
Ernst Lauermann
Redaktion: Ernst Lauermann
Catharina Scharf
Eva Bayer-Niemeier
Layout: Iris und Josef Schwan
Druck: Druck&Media
Peter Pfeifer, A- 2054 Haugsdorf

ISBN Nr.3-85460-231-6
Katalog: Neue Folge 464
Haugsdorf 2006

Der Druck dieses Begleitheftes sowie die Konzeption und Durchführung der Ausstellung „Donau, Fürsten und Druiden" wurde im Projekt LEADER+ maßgeblich durch die Europäische Union sowie die Länder Niederösterreich, Baden-Württemberg und den Freistaat Bayern gefördert.

INHALTSVERZEICHNIS

VORWORT ZUR AUSSTELLUNG

Begonnen hat alles 2004, als im Rahmen einer transnationalen LEADER-Aktionsgruppen - Arbeitsgemeinschaft in Hundersingen, ein gemeinsames „Eisenzeitprojekt“ auf die Beine gestellt wurde. Hierbei wurde auch die Übernahme der im Museum für Urgeschichte des Landes Niederösterreich in Asparn/Zaya entwickelten Ausstellung „Die Illyrer“, durch das Museum Quintana - Archäologie in Künzing und das Keltenmuseum Heuneburg in Herbertingen-Hundersingen vereinbart. In der Folge hat sich eine äußerst kreative und produktive Zusammenarbeit zwischen diesen drei Museen entwickelt. Die drei Museen, unmittelbar oder in mittelbarer Entfernung zur Donau gelegen, haben aus der positiven Erfahrung der erprobten transnationalen Zusammenarbeit heraus beschlossen, in Koproduktion die gemeinsame Ausstellung „ Donau, Fürsten und Druiden – Die Kelten entlang der Donau“ zu erarbeiten.

Diese Ausstellung soll Einblick geben in das gemeinsame prähistorische Erbe: die Donau verbindet die durchaus unterschiedlichen Regionen und Kulturerscheinungen während der Eisenzeit. 800 Jahre Geschichte so unterschiedlich und doch in vielem gemeinsam: die Donau als Handelsstraße eröffnete immer schon den Menschen die Möglichkeit, neue Güter und Ideen weiterzugeben und damit eine Weltoffenheit zu erreichen, die uns auch heute verbindet.

Zu danken haben wir den nationalen Leader+ Aktionsgruppen Donau-Vils-Wolfach (Bayern) Herrn Bernhard Feuerecker und Herrn Prof. Dr. Dr. Ulrich Pietrusky, Leiser Berge-Mistelbach (Österreich) Frau Elisabeth Schiller und Oberschwaben Herrn Emmanuel Frank. Auf österreichischer Seite müssen wir Frau Dr. Veronika Holzer vom Naturhistorischen Museum Wien für die Mitarbeit herzlich danken.

Für Unterstützung und Beratung sowie die zuvorkommende Abwicklung des Leihverkehrs bedanken wir uns sehr bei folgenden Kollegen: Winfried Aßfalg, Dr. Angelika Hofmann, Thomas Hoppe M. A., Dr. Claus-Michael Hüssen, Dr. Walter Irlinger, Dr. Erwin Keefer, Dr. Anton Kern, Petra Neumann-Eisele, Dr. Jörg-Peter Niemeier, Birgitta Petschek-Sommer M.A., Dr. Johannes Prammer, Dr. Karl Schmotz, Dr. Alois Stuppner, Dr. Claudia Tappert, Walter Wandling M.A., für die fachkundige Ausführung von Restaurierungen der Ausstellungsobjekte bei Arno Dudzig, Elisabeth Lehr, Ute Meyer-Buhr, Josef Steiner und Norbert Weigl.

Dieses gemeinsame Projekt gibt uns Hoffnung, auch in Zukunft gemeinsame Wege zu beschreiten, und unser gemeinsames Ziel, die Menschen auf unser archäologisches Erbe verstärkt aufmerksam zu machen, näher zu kommen. Die alten Fragen der Menschheit „Woher kommen wir?“ und „Wohin gehen wir?“ können zwar nicht endgültig gelöst werden, aber man kann es immerhin versuchen, gemeinsam geht es jedenfalls leichter.

Im März 2006
Die Herausgeber
Eva Bayer-Niemeier
Sabine Hagmann
Ernst Lauermann

DER OSTHALLSTATTKREIS UND SEINE CHRONOLOGIE

Ernst Lauermann

Im Jahre 1874 wurden die Begriffe Hallstatt-Kultur und Hallstatt-Periode erstmals in der Urgeschichtsforschung eingeführt, eine Zeitepoche, die bisher unbekannt war. Die Namengebung war notwendig geworden, sie war eine treffende Bezeichnung für jene Art der Kultur, die nicht nur im Gräberfeld von Hallstatt, sondern auch noch an vielen anderen Stellen in Mitteleuropa festgestellt werden konnte. Der Begriff umfasst den Zeitraum von etwa 1000 bis 450 v. Chr. Um diese relativ lange Epoche besser gliedern zu können, unterteilte sie der deutsche Archäologe Paul Reinecke in vier Stufen, die er mit A, B, C und D bezeichnete. „Hallstattzeit" ist der neue Begriff, er umfasst den oben genannten Zeitraum. In ihrem älteren Abschnitt umfasst die Hallstattzeit den jüngeren Teil der Urnenfelderkultur, nämlich die Stufen Ha A und Ha B. Nur die Stufen Ha C und Ha D umfassen jene Kultur, die der ganzen Epoche den Namen gegeben hat: „Hallstattkultur". Aber mit dem Ende der Stufe D ist diese Kultur nicht erloschen. Sie lebt zumindest in manchen Teilen ihres Verbreitungsgebietes, noch während der ersten Stufe der nachfolgenden Zeitepoche, der La-Tène-Kultur weiter.

Die größte Gleichförmigkeit zeigt die Hallstattkultur in den frühesten Phasen ihres Auftretens. Überall allerdings ist sie auf dem Boden der Urnenfelderkultur erwachsen. Diese gemeinsame Grundlage gibt der Hallstattkultur die Ähnlichkeit, die sie im ersten Stadium ihrer Bildung im mitteleuropäischen Raum aufweist. Doch bald bilden sich Schwerpunkte der kulturellen Entwicklung heraus, die ziemlich deutlich zwei große Gruppen unterscheiden lassen: den Westhallstattkreis und den Osthallstattkreis.

Der Osthallstattkreis wurde nie präzise definiert, er besteht aus einer Vielzahl von heterogenen Gruppen. Innerhalb dieses Kulturkreises, der Mähren, Niederösterreich, das Burgenland, die Steiermark, Kärnten, einen Teil der Slowakei, Westungarn, den größten Teil Sloweniens sowie den Osten Kroatiens umfasst, existieren mehrere Gruppen, die in Grabbrauch und Grabsitten recht deutliche Unterschiede aufweisen. In den meisten dieser Kulturgruppen wurden zu Ehren der Toten Grabhügel aufgeschüttet, die als „fürstlich" bezeichnet werden.

Abb. 1: Großmugl, einer der größten noch erhaltenen Grabhügel der Hallstattzeit (Foto NÖLM)

Die Grabanlagen sind zumeist riesig, bis zu 5,3 Meter lang und 3,8 Meter breit. Schwere Holzbalken bilden die Decke. Die östlichen Fürstengräber der älteren Phase in Niederösterreich, dem Burgenland und der Slowakei geben uns noch andere interessante Einblicke. Man fand dort eine wohl nur für den Grabgebrauch angefertigte Keramik (siehe ein späteres Kapitel).

In der jüngeren Phase der Hallstattkultur (6. Jh . v. Chr.) zeigen sich zwei kulturelle Zentren, die geographisch ganz anders liegen. Das eine Zentrum mit berühmten Fürstensitzen und Fürstengräbern entwickelte sich in Württemberg, einem Teil der Schweiz und Ostfrankreich. Ein weiteres Gebiet entwickelte sich besonders reich in der Spätphase. In Südosteuropa, im Gebiet, das sich von den nördlichen Balkanländern bis zum Adriawinkel zieht, blühte noch einmal die Hallstattkultur in ihrer schönsten Entfaltung auf. Im heutigen Slowenien entstand im 5. Jh. eine Provinz von ungeheurem Reichtum. Fundorte wie Magdalenska gora und Stična sind Meilensteine in der Hallstattforschung. Hier befinden sich Fürstensitze mit zahlreichen Grabhügeln in unmittelbarer Umgebung. Reich ausgestattete Tote, denen mitunter auch Pferde mit ins Grab gegeben wurden, liegen ohne besondere Trennung mit ganz einfachen Gräbern in den Hügeln beisammen.

Wenn man das gesamte Geschehen vom 8. bis zum 6. Jh. v. Chr. in der Zone nördlich der Alpen überblickt, so zeichnen sich folgende Komponenten besonders deutlich ab: einerseits das Hervortreten einer adeligen Herrenschicht, zum letzten Mal im alten, noch bronzezeitlichen Stil. Kennzeichnend dafür ist das Dokumentieren der Macht durch einen feudalen Wohnsitz und eine nur den Herren gemäße Bewaffnung. Gleichzeitig damit und nicht weniger deutlich zeigt sich aber das Bestreben, antike Gesittung anzunehmen. Ein erster Versuch, denn eine echte Aufnahme antiker Lebensführung fand noch nicht statt.

FÜRSTENGRÄBER DER HALLSTATT-KULTUR IM OSTEN ÖSTERREICHS

Ernst Lauermann

Der Osten Niederösterreichs kann wohl zu den bedeutendsten ur- und frühgeschichtlichen Fundgebieten des Donauraumes gezählt werden. Besonders eindrucksvoll sind die noch deutlich erhaltenen Riesengrabhügel der Hallstattkultur, die gerade in diesem Raum in einmaliger Größe und Mächtigkeit auf uns gekommen sind. Als sichtbare Bodendenkmäler stehen sie unter Denkmalschutz und bleiben in diesem Zustand hoffentlich noch vielen Generationen der Nachwelt erhalten.

Über den Forschungsstand könnte man an sich ganz zufrieden sein: Karl Kromer und Christian Pescheck brachten 1957 einen umfassenden Überblick über die räumliche Verteilung der Hügelgräber heraus.

Zahlreiches Fundmaterial aus Altgrabungen wie Unterzögersdorf, Bernhardsthal, Rabensburg oder Großmugl II gibt uns Einblick in die Beigabensitte der Hallstattkultur.

Im Folgenden soll auf einige dieser Hügelgräber im Donauraum eingegangen werden:

Abb. 1: Hügelgräber der Hallstattkultur in Ostösterreich (nach Kromer/Peschek 1957 und Neugebauer 1995)

Abb. 2: Die Hügelgräber von Bernhardsthal (Foto F. Stratjel)

Die Hügelgräber von Bernhardsthal

Östlich der Straße von Rabensburg nach Bernhardsthal liegen in nordöstlicher Richtung drei Hügel von ca. 4 m Höhe. Die Hügel wurden wahrscheinlich von Matthäus Much entdeckt und vor 1878 ausgegraben. Der mittlere Hügel war schon vorher durchgraben worden.

Much berichtet:

„Bei der Durchgrabung des ersten Bernhardthaler Hügels, die eine durchschnittliche Höhe von 5 m und einen Umfang

Abb. 3: Die Hügelgräber von Rabensburg (Foto F. Stratjel)

von ca. 100 Schritten haben, stieß ich schon in 0,25 m Tiefe auf sechs Skelette menschlicher Leichen. Dieselben waren in hölzernen Särgen nebeneinander, mit dem Kopf im Westen, also der aufgehenden Sonne entgegenblickend begraben worden. Ein Skelett und 5 Schädel sind vollständig erhalten. 2 m unter der Oberfläche gelangte ich auf eine aus Bohlen gezimmerte Holzkammer von 2,10 m Länge und Breite und 0,40 m Höhe des inneren Raumes. Hier lag in der Mitte auf Stroh gebettet ein bis auf wenige Schädelreste gänzlich zerfallenes Skelett, zur Rechten ein Eisenschwert und eine Urne neben dem Haupte, zur Linken ein eisernes Messer, Stahl und Feuerstein, zu den Füßen zwei eiserne Sporen, etwas links davon eine Urne und ein zierlicher, mit eisernen Reifen beschlagener Holzeimer. Der übrige Raum zur Rechten war mit kleinen Kohlenstückchen ausgefüllt. Außerhalb der Kammer standen frei in der Erde sehr große Grafit-Urnen; unter der Kammer war nichts mehr erhalten. Der zweite (mittlere) Hügel zeigte schon äußerlich, dass er sich nicht mehr in ungestörter Ordnung befinde, was dann auch die Durchgrabung bestätigte. Der dritte Hügel dagegen lieferte wieder ein überraschendes Ergebnis; er war, angefüllt mit den schönsten und mannigfaltigsten, aus freier Hand gemachten, allerdings durchaus zu Scherben zerdrückten Gefäßen"

Die Hügelgräber von Rabensburg

Die Hügel liegen in der Nähe des Bahnhofes von Rabensburg, einer trägt eine Dreifaltigkeitskapelle. Die Hügel wurden wahrscheinlich von Matthäus Much entdeckt und vor 1878 ausgegraben. Der Grabungsbericht von Matthäus Much ist sehr kurz:

„In gleicher Weise bargen zwei von den etwa 3 Meter hohen Hügeln auf dem Gemeindegebiet von Rabensburg zahlreiche Gefäße, während die Untersuchung des dritten Hügels daselbst wegen der darauf stehenden Capelle nur unvollständig durchgeführt werden konnte und daher resultatlos blieb".

Grabungen mit modernen wissenschaftlichen Methoden sind aber bislang eher eine Seltenheit. Ich möchte in diesem Zusammenhang näher eingehen auf:

Abb. 4: Rabensburg, Stierkopfgefäß (Foto NÖLM)

Abb. 5: Gemeinlebarn, Tumulus I, Prunkgefäß (Foto Naturhistorisches Museum Wien)

Abb. 6: Gemeinlebarn, Tumulus I, Stierkopfgefäß (Foto Naturhistorisches Museum Wien)

Abb. 7: Langenlebarn, Stierkopfgefäß (nach Preinfalk 2003, Taf.2)

Abb. 8: Langenlebarn, Kernos (nach Preinfalk 2003, Taf. 23)

Abb. 9: Langenlebarn, Reiterdarstellung (nach Preinfalk 2003, Taf. 37)

Abb. 10: Großmugl, Reiterdarstellung (Foto K. Kromer)

Die Hügelgräber bei Gemeinlebarn

Schon der Altmeister der österreichischen Urgeschichtsforschung, Matthäus Much, vermutete 1876 im Umkreis von Langenlebarn und Gemeinlebarn „alte Gräber". Diese Ortsnamen enthalten verkürzt das Wort „lewer", das im Althochdeutschen

„Grabhügel" bedeutet. Gemeinlebarn bezeichnet also einen Ort, wo „die Leute bei Grabhügeln wohnen". 1885 kam es zur ersten Grabung in Tumulus I, der ehemals einen Durchmesser von 50 m und eine Höhe von 10 m aufgewiesen haben muss.

Es wurde eine hölzerne Grabkammer erfasst, die angeblich 4,3 m in der Länge, 2,95 m in der Breite und 1,5 m in der Höhe maß. 1979 kam es zur Nachgrabung. Dabei wurde festgestellt, dass die Hauptkammer 1885 gar nicht erreicht wurde.

Tumulus I wies außergewöhnliche Beigaben auf. Rund um ein geringes Leichenbrandhäufchen eines Mannes fand man 1885 ein Eisenschwert vom Typ Mindelheim, Pferdegeschirrteile, zwei Bronze- und zwei eiserne Mehrkopfnadeln, weitere Schmuckobjekte und ein Eisenmesser. Die Keramikausstattung bestand aus 36 teils sehr prächtig gestalteten Gefäßen. Darunter bemalte Großgefäße mit aufgesetzten Figuren (Vögel, Hirsche, Männer - auch als Reiter, Frauen) und vier Stierkopfgefäße. Bei der

Nachgrabung 1979 – 1982 wurden neben der völlig ausgeräumten Grabkammer noch eine Pferdebestattung und ein Brandnest mit Knochen und feuerdeformierten Bronzefragmenten, darunter auch Achsenhülsen eines Wagens, dokumentiert. Der Tote dürfte somit samt seinem Wagen auf dem Scheiterhaufen eingeäschert worden sein. Das Grab kann an den Übergang der Stufen Hallstatt C2/D1 gestellt werden.

Ähnliches Totenbrauchtum konnte auch bei zeitgleichen fürstlichen Bestattungen in der Steiermark und Ungarn festgestellt werden.

Eine Hügelgrabgruppe von Langenlebarn

Langenlebarn, bei Tulln gelegen, wird bereits 836 in einer Schenkungsurkunde Ludwig des Deutschen für das Bistum Passau („ad locum qui dicitur tumulus“) im Zusammenhang mit Grabhügeln genannt.

1892 stieß man bei Sandgewinnungsarbeiten auf ein Grab der Hallstattkultur. Josef Szombathy führte daraufhin eine Nachuntersuchung an Ort und Stelle durch. Dabei fanden sich inmitten einer Brandschicht 28 Gefäße, darunter auch ein Doppelkegelhalsgefäß, das Bruchstück eines Mondidols und ein Bronzenadelbruchstück (Hügelgrab 1).

1961 wurden bei der Errichtung eines Wohnhauses zwei große, graphitierte Gefäße entdeckt. Eine Rettungsgrabung ergab eine Reihe von Kegelhalsgefäßen, kugeligen Gefäßen, Schüsseln und Henkelschalen, Leichenbrand wurde keiner entdeckt; vermutlich handelt es sich dabei um die Reste eines eingeebneten Hügelgrabes (Hügelgrab 2).

1981 kam es erneut zu Grabungen, genau zwischen den Hügeln 1 und 2. Bereits ein erster Schnitt erbrachte die Überreste eines reich ausgestatteten Brandgrabes der Hallstattkultur (Hügelgrab 3). Obwohl keine Grabkammer erkennbar war, konnte auf eine annähernd quadratische Grabkammer von 2,95 x 2,75 m Kantenlänge geschlossen werden, die nur gering eingetieft war.

Die Behälter, vornehmlich Großgefäße (Kegelhalsgefäße), müssen weitgehend im Viereck an den Kammerwänden aufgestellt gewesen sein. Allerdings dürfte eine zeitgenössische Beraubung des Inventars in der Grabmitte eine gewisse Unordnung bewirkt haben. Im Zentrum fanden sich Knochenklein und Bronzeklammern- wohl Überreste einer Holzkassette, die ehemals die Funktion eines Leichenbrandbehälters erfüllte. Um die Überreste des Toten waren mindestens 15 Großgefäße gruppiert. Es handelt sich um Kegelhals- und kugelige Gefäße, schwarztonig mit Graphitbemalung und teilweise mit Bronzeblechzierden oder brauntonig mit rot-schwarz Bemalung.

Herauszuheben wären ein rot-schwarz bemaltes Doppe lstierkopfprotomengefäß und ein rot-schwarz bemalter Kernos mit drei aufgesetzten Näpfchen am Mundsaum.

An Figuralschmuck fanden sich schwarz-rot bemalte Männchen, z. T. mit Vogelköpfen, und auch ein Reiter mit Schild wurde entdeckt. Parallelen hierzu ergaben die Hügelgräber von Gemeinlebarn I und Großmugl II.

Festzuhalten ist, dass Langenlebarn bis jetzt eine Dreiergruppe hallstättischer Grabhügel erbracht hat. Hiermit würden sie in gutem Einklang mit den Dreiergruppen von Bernhardsthal und Rabensburg stehen.

Prunkkeramik

Die östlichen Fürstengräber der älteren Phase in Niederösterreich, dem Burgenland und der Slowakei geben uns noch andere interessante Einblicke. Man fand dort eine wohl nur für den Grabgebrauch angefertigte Keramik. Sie ist nicht sehr gut gebrannt und schon aufgrund ihrer Form für den profanen Gebrauch ungeeignet. Ihre Verzierung ist allerdings künstlerisch hochstehend ausgeführt, die Oberfläche ist mehrfärbig (rot und schwarz) und zeigt

Abb. 11: Unterparschenbrunn, eingeebnetes Hügelgrab während der Ausgrabung 1988 (Foto NÖLM)

komplizierte geometrische Ornamente.

Es handelt sich zum Beispiel um so genannte Stierkopfgefäße, das sind Tongefäße, die außen an der Schulter zwei oder drei Stierköpfe vollplastisch angesetzt haben. Neuere Grabungen haben besonders schöne Stücke dieser keramischen Gattung ergeben. Soweit man den Sinninhalt dieser Stücke erkennen kann, dürfte es sich um Behälter für einen „Unsterblichkeitstrank" handeln. Die Vorstellung, die dazu führte, ein Gefäß mit plastisch ausgeführten Stier- oder Rinderhörnern zu versehen, ist uralt und gehört einem viel größeren Kulturkreis an, als sich aus dieser relativ kleinen Enklave des östlichen Hallstattkreises ablesen lässt. Bereits aus der Periode der ausgehenden Urnenfelderzeit stammen kleine Gefäße mit Stierköpfen, die in der Nähe von Wien gefunden wurden. Prunkgefäße mit plastischen Tiersymbolen, die sicherlich nicht für den täglichen Gebrauch bestimmt waren, sind aus Ober- und Mittelitalien bekannt.

Vermutlich war die Heimat der gedanklichen Grundlage dieser Art von Kultgefäßen das östliche Mittelmeerbecken. In den griechischen Heiligtümern hat man große Mengen von Bruchstücken bronzener Kessel gefunden, an

Abb. 12: Unterparschenbrunn, Bruchstück einer Tasse mit Bronzeschüppchen-verzierung (Foto NÖLM)

deren Rand Rinderköpfe aus Bronze angenietet waren. Auch in Kleinasien treten ähnliche Formen auf, und die Verbreitung erstreckt sich bis Armenien. Im vermutlichen Ursprungsland gibt es allerdings nur eine einzige Bestimmung und Verwendung derartiger Gefäße: Sie wurden einer Gottheit als Weihegeschenke dargebracht. Bereits in Etrurien und beim weiteren Vordringen dieser Gedankenwelt in das Gebiet der Hallstattkultur ändert sich die Verwendung.

Stierkopfgefäße sind hier nicht mehr Weihegaben, sondern gehören zur Grabausstattung bedeutender Persönlichkeiten. Dieses Beispiel zeigt, wie geistige Einflüsse aus dem Mittelmeerraum in das Gebiet der Hallstattkultur einströmen, jedoch nicht übernommen, sondern dem Lebensgefühl dieser Völker entsprechend abgewandelt werden.

Die drei Grabinventare können chronologisch im Rahmen der Kalenderbergkultur eingeordnet werden, wenngleich eine Datierung in diesem Raum, die vorwiegend auf Keramik basieren muss, sehr problematisch ist. Hügelgrab 1 und 2 wurden der Stufe Ha D zugeordnet, Hügelgrab 3 wird am ehesten in eine frühe Phase der jüngeren Hallstattzeit, Ha D1 zu datieren sein.

Absolutchronologisch scheint für die Grablegung (Phase Ha D1) der Zeitraum um oder in den Jahrzehnten nach 600 v. Chr. am wahrscheinlichsten zu sein, ein Zeitraum, in den die meisten „fürstlich" ausgestatteten Gräber der Kalenderbergkultur zu stellen sind. Das Inventar des Grabes Hügel 3 von Langenlebarn ist mit der Ausstat-tung von Hügel 1 von Gemeinlebarn am ehesten vergleich-bar: So die weitgehend identen Stierkopfgefäße, die werkstattgleich sein dürften (in Langenlebarn ein Exemplar, in Gemeinlebarn vier Exemplare), die Gruppe von sehr ähnlichen figürlichen Kleinplastiken, die sonst im Hallstattbereich keine Entsprechung mehr finden, und darüber hinaus eine Reihe von weiteren gut vergleichbaren Keramiken.

Ein Unterschied zwischen diesen beiden zweifellos gleichzeitigen Grablegen zeigt sich allerdings in der Reichhaltigkeit der Ausstattung: Tumulus I von Gemeinlebarn wies mehr und teilweise außergewöhnliche Beigaben auf. Ob sich hier ein Abhängigkeitsverhältnis zwischen den beiden Bestatteten oder eine geringe rangmäßige Differenzierung der sozialen Spitze abzeichnet, kann zur Zeit noch nicht beantwortet werden.

Ein eingeebnetes Hügelgrab von Unterparschenbrunn

Die Gemeinde Unterparschenbrunn liegt im südlichen Weinviertel, ca. 14 km nordwestlich von Stockerau. Die Fundstelle liegt nördlich der Ortschaft auf einem flach abfallenden Hügelrücken. Zur Erforschung der Fundstelle kam es nach mehrmaligen menschlichen Skelettfunden 1988. Eine Gesamtfläche von 40 x 40 m wurde freigelegt. Es wurden ein Kreisgraben von 33 m Durchmesser und eine annähernd zentral angelegte Verfärbung V 5 von 4,7 m Länge und 2,1 m Breite an der Nordostseite entdeckt. An der Nordseite der Verfärbung 5 wurde ein Profilschnitt angelegt, der eine sich nach unten verbreiternde Grube von etwa 2 m Tiefe erbrachte.

Auffallend war die lockere Verfüllungserde, die stark mit Humus, Löss und Holzkohle vermischt war. Besonders in den oberen Schichten fanden sich zahlreiche Keramikfragmente, Bronzekügelchen, Bronzeplättchen und Bronzenieten. Mit zunehmender Tiefe nahm der Fundanfall deutlich ab. Die untersten Schichten waren gekennzeichnet von lockerer, sandiger humoser Erde. Der angetroffene Befund, sowie das Fundmaterial lassen die Annahme zu, dass die zentrale V 5 mit dem Kreisgraben die Reste eines eingeebneten Hügelgrabes mit Beraubungsschacht darstellen.Der Beraubungsschacht war offensichtlich offen geblieben und langsam verfallen. Der obere Teil der Grube war stark mit Fundmaterial und auch mit kalzinierten menschlichen Knochen versetzt. Die anthropologische Bestimmung ergab die Überreste einer älteren Frau. Es kann hier also wohl zu recht ein alt gestörtes Brandgrab angenommen werden. Ein weiters Indiz für einen langsam verfüllenden Raubschacht sind die darin gefundenen unverbrannten Tierknochen von Rind, Vogel und Reh. Ein Fuchs dürfte hier später seinen Bau angelegt haben- auf diese Weise kamen die Tierknochen in den oberen Bereich des Grabschachtes.

Für ein Hügelgrab sprechen weiters zwei frühmittelalterliche Körpergräber, die sehr seicht lagen und ursprünglich wahrscheinlich in die noch deutlich sichtbare Hügelaufschüttung eingesenkt worden waren. Durch Bodenbearbeitung wurde der Hügel im Laufe der Zeit völlig eingeebnet und die Bestattungen kamen seicht zu liegen.

Zahlreiche Keramikbruchstücke von verschiedenen Gefäßen kamen im oberen Bereich zum Vorschein. Ihr Erhaltungszustand war allerdings sehr mangelhaft. Von besonderer Bedeutung ist wohl das Bruchstück einer Tasse mit typischer Alb-Hegau -Verzierung, das auf der Schulter noch an zwei Stellen je drei Bronzeschüppchen aufweist. Dieser Bronzenagelbesatz tritt schon ab der späten Urnenfelderkultur auf und wird in der Hallstattkultur weitergeführt. Beeinflusst wurde diese Verzierungsweise durch die Stufe II der Este-Kultur, wo die Keramik in überaus reichem Maße mit Bronzeschüppchen versehen wurde.

Weiters treten Bruchstücke mit Graphitstreifenbemalung auf rotem Untergrund, Rädchenverzierung, Dreieckverzierungen, Buckel und Kanneluren auf.

Das reich ausgestattete Grab war also Ziel einer völligen Beraubung bzw. Zerstörung. Ob dies auf Zeitgenossen hindeutet, die eine völlige Vernichtung der Bestattung anstrebten, oder ob dies ein Werk von späteren Zeiten ist, lässt sich nicht mit Sicherheit sagen.

In Niederösterreich haben wir anhand der Riesengrabhügel gesehen, dass hier schon während der älteren Hallstattkultur eine ähnliche soziale Struktur besteht, wie sie zur Späthallstattzeit aus dem Westen so gut bekannt geworden ist. Die Grabhügel weisen einen gewissen wirtschaftlichen und politischen Machtbereich auf, der sich unter anderem durch ihre Ausstattung mit Waffen und in der Ausprägung von besonderer Prunkkeramik zeigt.

GAB ES HALLSTATTZEITLICHE „FÜRSTENSITZE“ IM WEINVIERTEL ?

Ernst Lauermann

Es drängt sich unwillkürlich die Frage nach der sozialen Stellung der in den Hügeln Bestatteten und nach deren Wohnsitz auf.

Eine wesentliche Eigenheit der Hallstattkulturen Mitteleuropas ist ihre starke Tendenz zu sozialer Differenzierung und der damit verbundenen Herausbildung mächtiger Eliten. Archäologisch schlägt sich dieses Phänomen in reich ausgestatteten Fürstengräbern nieder, in denen die Angehörigen dieser Eliten mit ihren Prestigegütern und Herrschaftszeichen beigesetzt wurden. Die Konzentration der Macht in den Händen einzelner Personen wurde freilich nicht in allen Gruppen der Hallstattkultur mit gleicher Intensität vorangetrieben.

Im Westhallstattkreis, besonders in Baden-Württemberg, kann man klar die einzelnen hallstättischen Fürstensitze aufzeigen. Beste Beispiele dafür sind etwa die Heuneburg an der oberen Donau oder der Hohenasperg bei Ludwigsburg. Als besonderes Kennzeichen kann man anführen, dass hier jeweils eine befestigte Burganlage vorliegt, um die sich mächtige Grabhügel erheben. Die „Fürsten“, die an der Spitze dieses Systems standen, wurden unter riesigen Erdhügeln in hölzernen Grabkammern beigesetzt. Die ältesten, die als Vorstufe zu den klassischen Fürstengräbern gelten können, erscheinen in Ha D1 und zeichnen sich durch besonders monumentale Größe aus. In den Stufen Ha D2-D3 erreichen sie ihren Höhepunkt. Die riesigen Gräber liegen in guter Sicht von der Burg. Mit Recht kann man sie für die Dynasten der Burg und deren familiären Anhang in Anspruch nehmen. Als Beispiel sei nur der Grabhügel „Hohmichele“ bei der Heuneburg erwähnt. Mit der Entstehung der Frühlatènekultur um die Mitte des 5. Jhs. v. Chr. brechen die hallstattzeitlichen Fürstengräber im süddeutschen Raum abrupt ab.

Abb. 1: Der Praunsberg bei Niederfellabrunn, ein bewaldeter Höhenrücken (Foto NÖLM)

Abb. 2: Der Grabhügel von Niederfellabrunn (Foto NÖLM)

Wie sieht nun die Situation im Osthallstattkreis aus? Will man auch für den Osthallstattkreis die Frage nach der Herausbildung von Eliten und Fürstengräbern stellen, so lässt sich das viel schwerer beantworten. Wie bereits oben klar ersichtlich, ist man im Osten zum größten Teil auf Altfunde angewiesen. Die Befundlage ist oft sehr mangelhaft, außerdem trübt die im Osthallstattkreis übliche Leichenverbrennung die Qualität der archäologischen Überlieferung. Als noch problematischer erweist sich

Abb. 3: Der Grabhügel von Niederhollabrunn (Foto J. Maukner)

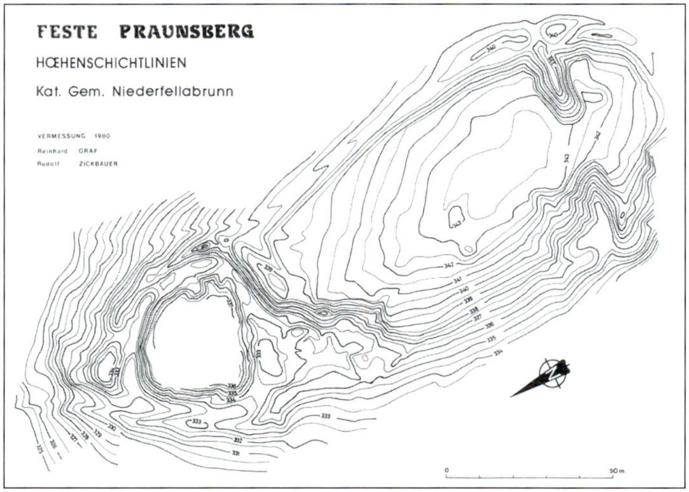

Abb. 4: Praunsberg, Höhenschichtenplan (nach Lauermann 1990, Abb. 2)

die Frage nach den so genannten „Fürstensitzen“. Zwar lassen sich in der Nähe von herrschaftlichen Bestattungen Höhensiedlungen ausmachen, wegen fehlender oder mangelhafter Grabungen weiß man aber kaum etwas über ihre Funktion und Struktur.

Beim Burgstallkogel von Kleinklein in der Steiermark und bei slowenischen Fürstensitzen wie Stična, Magdalenska

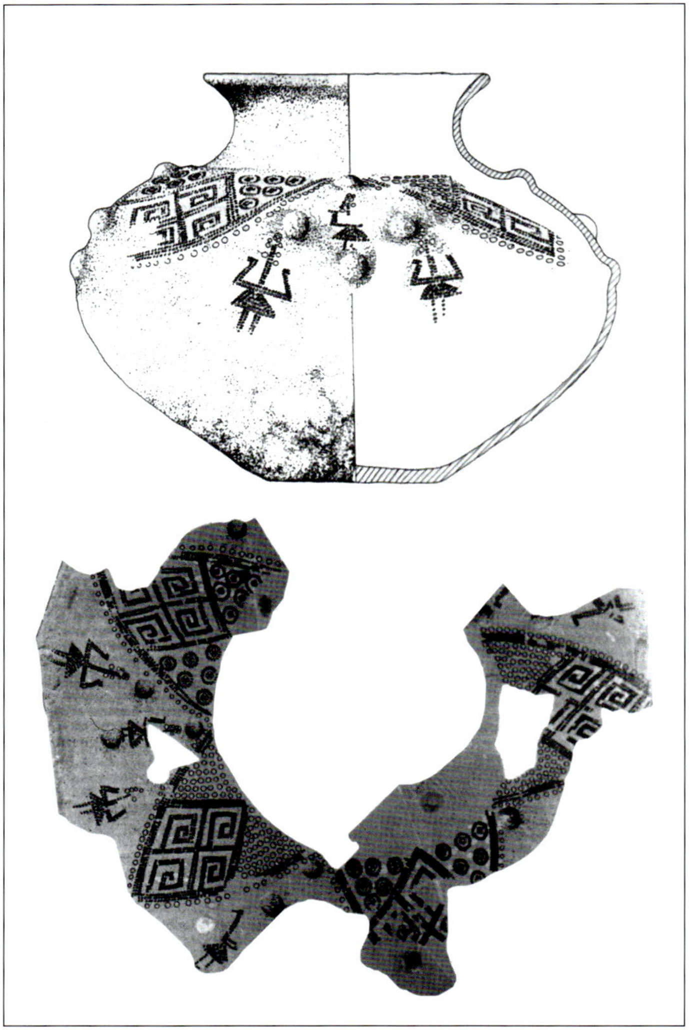

Abb. 5: Praunsberg, hallstattzeitliches Prunkgefäß mit Menschendarstellungen, unten Abrollung der erhaltenen Verzierungszone (nach Lauermann 1990, Abb. 3)

gora und Novo Mesto liegt die Situation ähnlich: Neben großen Höhensiedlungen liegen dazugehörige Grabhügel. Aber die Grabanlagen wurden in Slowenien zumeist nicht für eine Person, sondern für die ganze Sippe errichtet.

Nicht ganz einfach zu deuten ist die Relation von Großgrabhügel und Höhensiedlung im Bereich der

Kalenderberg-Kultur. Bemerkenswert ist die Tatsache, dass sehr viele hallstattzeitliche Höhensiedlungen eine späturnenfelderzeitliche Vorgängeranlage besitzen. So wurde am Burgstallkogel ein Zerstörungshorizont im Übergangsbereich von der Urnenfelder- zur Hallstattzeit entdeckt, der belegt, dass der Kulturwandel nicht ohne Spannungen ablief. Die Abfolge in den Siedlungen sowie die Ableitung vieler Keramik- und Metallformen von urnenfelderzeitlichen Vorläufern zeigt, dass der Osthallstattkreis sehr tief in der späten Urnenfelderkultur verwurzelt war.

Ansonsten fallen etliche andere Höhensiedlungen der frühen Hallstattkultur durch ein bestimmtes Muster auf: Der Kalenderberg bei Mödling, Donnerskirchen-Ehrenfeld, Eisenstadt-Burgstall und der Braunsberg bei Hainburg haben weder einen ausgeprägten wehrhaften Charakter noch unmittelbar anschließende Gräberfelder.

Über das Aussehen und die Strukturen der hallstattzeitlichen Höhensiedlungen wissen wir kaum etwas. Der größte Teil dürfte befestigt gewesen sein, wie z. B. Smolenice-Molpír, die Poštela oder der Burgstall bei Ödenburg. Allerdings ist in vielen Fällen ungeklärt, ob die Wälle hallstattzeitlich sind; vielfach waren sie schon in der Urnenfelderzeit oder erst in der Latènezeit aufgeführt worden.

Auch über den Innenausbau ist kaum etwas bekannt. Die erwähnten Höhensiedlungen liegen zumeist an verkehrsgeographisch wichtigen Punkten- vielfach am Kreuzungspunkt wichtiger Verkehrswege, an wichtigen Flussübergängen oder an Stellen, wo schwierige Passa-gen umgangen werden mussten. Dies deutet an, dass Waren-austausch und Handel eine wichtige Rolle spielten.

Es stellt sich damit die Frage nach dem Zweck solcher Anlagen: waren die Höhensiedlungen Herrensitze oder handelt es sich um große, „protourbane“ Siedlungszentren? Sicher beantworten lässt sich das nicht, möglicherweise gab es beides nebeneinander.

Für das südliche Weinviertel Niederösterreichs hielt Karl Kromer den Michelberg bei Stockerau für den Dynastensitz der frühen Hallstattkultur. Die Riesengrabhügel z. B. von Großmugl, Niederfellabrunn, Niederhollabrunn oder Großweikersdorf, würden in diesen Herrschaftsbereich fallen. Grabungen in den Jahren 1981 – 1983 ergaben allerdings einen frühbronzezeitlichen Charakter der Befestigung auf dem Michelberg.

Dass zu diesen Großgrabhügeln ein wie immer gearteter Fürstensitz gehört haben muss, steht außer Zweifel, alle-rdings kann man meiner Meinung nach die Struktur des Westhallstattkreises nicht 1:1 für den Osten übernehmen. Hier müssen wir mit kleinräumigeren Herrschaftsbereichen rechnen. So könnte der Praunsberg bei Niederfellabrunn in unmittelbarem Zusammenhang mit den Hügeln von Niederfellabrunn und Niederhollabrunn gesehen werden. Dieser weithin sichtbare Höhenrücken stellt eine recht imposante Erscheinung dar. Er ist stark bewaldet und in seinem nördlichen Teil befindet sich ein mittelalterlicher Hausberg. Der Teil des Höhenrückens, der von der mittelalterlichen Burg nicht erfasst ist, weist im Osten einen gut erkennbaren Wall mit Graben auf, der noch eine Höhe von ca. 1 m erreicht. Bei Vermessungsarbeiten wurden neben zahlreichen Keramikbruchstücken auch Reste eines Kegelhalsgefäßes mit stilisierten Menschendarstellungen in Rollstempelzier entdeckt: Sechs menschliche Figuren sind abgebildet, wobei drei vollständig erhalten sind. Der Unterkörper besteht bei allen Figuren aus Dreiecken, der als kurzer Rock interpretiert werden kann. Der Oberkörper ist durch zwei Rollstempellinien dargestellt. Drei Figuren haben die Arme abgewinkelt und nach oben gestreckt, wobei die Hände nach außen gebogen sind. Zwei Figuren strecken die Arme nach vorn. Der Kopf ist entweder gar nicht oder mit einem Kreuzstempeleindruck dargestellt. Die Haartracht bestehend aus kreisrunden Eindrücken, ist entweder hängend oder in nach hinten fliegenden Zöpfen dargestellt.

In der Antike können erhobene Arme entweder Anbetung oder aber Epiphanie einer Gottheit bedeuten. Unsere Frau kann dreigestaltig vorgestellt gewesen sein, wie die griechische Hekate oder wie die häufig abgebildeten Matronen der Kelten, die wir als junges Mädchen – reife Frau mit Kind – alte Frau kennen. Die im Dreieck angeordneten Frauen mit erhobenen Armen vom Praunsberg können eine solche dreifach Aspektierung einer einzelnen Gottheit bedeuten.

Weitere interessante Einzelfunde sind eine Vierscheibenfibel aus Bronze, die mit so genannten Gitterscheibenfibeln mit aufgesetzten Näpfen (Hallstatt Grab 577) verwandt sein könnte, ein trapezförmiges Klapperblech aus Bronze sowie ein durchbrochen gearbeiteter Ringfuß aus Bronze mit vier Speichen und Mittelstachel, möglicherweise von einem Pferdezaumzeug stammend. Diese Einzelfunde sprechen für die Anwesenheit höhergestellter Personen. Ich möchte aber den Praunsberg nicht sofort als Adelssitz ansprechen, sondern ihn in diesem Zusammenhang mit den benachbarten Hügelgräbern und den umgebenden Hallstattsiedlungen sehen. Ein Herrensitz von lokaler Bedeutung dürfte wohl am ehesten anzunehmen sein.

Gerade bei den Höhensiedlungen wird klar, wie vielfältig jene Aktivitäten waren, die „Siedlungsspuren" hinterließen. Es ist daher sinnvoll, in diesen Anlagen Zentren zu sehen, die eine Reihe von Funktionen besaßen, deren Schwerpunkt dann je nach den Bedürfnissen der sich anschließenden Siedlungslandschaft vorgegeben war.

DIE SITULA VON KUFFARN, EIN BEISPIEL DER SITULENKUNST

Ernst Lauermann

Bei den Fürstensitzen Sloweniens müssen Handwerkszentren gelegen haben, die eine besonders hohe Tradition in Bronze-Treibarbeit pflegten. Der orientalisierende Stil mit seinem Reichtum an Fabeltieren und pflanzlichen Darstellungen hatte schon frühzeitig die Toreuten der Früheisenzeit in ihrem Kunsthandwerk angeregt. Sie schufen einen eigenen Stil, den wir „Situlen-Stil" nennen. Dieses deshalb, weil die kennzeichnenden Darstellungen häufig auf Bronzeeimern – auf Situlen – auftreten. Die frühen Stücke zeigen eine Beeinflussung durch den orientalisierenden Stil sehr deutlich. Weiterhin sind aber nicht nur fremde Elemente übernommen worden, sondern man hat etwas Eigenes, Bodenständiges daraus geschaffen. Grundvoraussetzung dafür war die hohe Treibtechnik, die gerade in der späten Bronzezeit einen unerhörten Aufschwung genommen hatte. Mit diesem Können schaffte man nun die Darstellungen, die uns unter anderem auch Szenen aus dem kultischen und profanen Leben zeigen. Häufig ist ein Fest dargestellt, das in mehrere Teile fällt. Oft wurde ein Faustkampf mit hantelähnlichen Geräten dargestellt, wobei zwischen den Kämpfenden der Siegespreis – ein Helm – abgebildet ist. Daneben wurden aber, wie uns die Darstellungen berichten, auch musische Wettkämpfe durchgeführt. Immer sieht man zwei Musikanten, die auf verschiedenen Instrumenten musizieren. Ein Festzug eröffnete oder beschloss das Fest. Der Umtrunk, der zur gehobenen Kriegerkaste gehörte, wird immer wieder gezeigt. Das alles wird in einer Offenheit erzählt, wie es bisher undenkbar war. Man wollte möglichst vieles mitteilen - Fest, Reiterkampf, Jagd, Umtrunk und anderes mehr. Diese Festszenen brauchen nicht unbedingt ein „Abbild" des realen Lebens zu sein, vielmehr spiegeln sie vielleicht eine ideale Welt wider. Als das Paradebeispiel aus Niederösterreich kann wohl die

Abb. 1: Situla von Kuffarn (Foto K. Kromer)

Situla von Kuffarn angesehen werden. Die kleine Ortschaft Kuffarn, im Einzugsbereich von St. Pölten gelegen, brachte eines der schönsten Beispiele des Situlenstils hervor.

In den neunziger Jahren des 19. Jhds. wurde in einem Männergrab neben Schwert, drei Lanzen, drei Pfeilen, einem Haumesser aus Eisen sowie einem bronzenen Schöpflöffel und einer Certosa-Fibel eine Bronzesitula gefunden. Sie zeigt auf einem Bildstreifen drei Szenen: Ein vornehmer Zecher, der große Hut lässt an seinem Stand keinen Zweifel, thront auf einem Sessel, derweil mehrere Diener um ihn beschäftigt sind. Ein Gestell

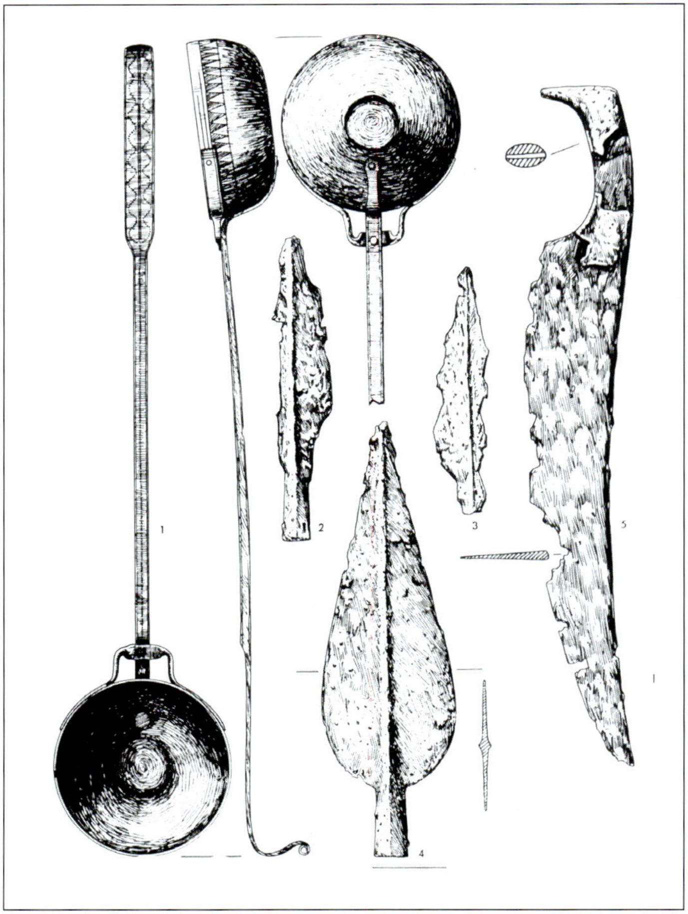

Abb. 2: Funde aus dem Situlengrab, Auswahl (Foto K. Kromer)

daneben mit aufgehängten Eimern lässt auf einen größeren Vorrat schließen. Weiters ist ein Boxkampf mit Hanteln abgebildet, der von Schiedsrichtern beobachtet wird; ein Helm steht als Preis bereit. Einer der Schiedsrichter hat eine gegabelte Rute erhoben, der andere eine ebensolche gesenkt. Es scheint, dass dadurch der Sieger bzw. der Verlierer angezeigt wird. Drittens ein Wagenrennen: Alle vier Wagenlenker stehen auf ihren zweirädrigen Streitwägen weit nach vorne gebeugt, der vorderste Fahrer blickt sich nach hinten um. Ob es sich dabei um einen sportlichen Wettstreit oder um die Verfolgung eines Flüchtigen handelt

Abb. 3: Situla von Kuffarn, Trinkszene- Ausschnitt (Foto K. Kromer)

Abb. 4: Situla von Kuffarn, Aufhängevorrichtung für Getränkebehältnisse- Ausschnitt (Foto K. Kromer)

– denn zwei Reiter jagen den Gefährten nach, wobei einer sein kurzes Schwert zückt – lässt sich nicht sicher sagen. Die Ornamente auf dem Bronzegefäß sowie die Beifunde im Grab weisen auf eine Herstellung um die Mitte des 5. Jhds. v. Chr. und eine Vergrabungszeit in den Jahrzehnten um oder vor 400 hin. Der Streifen unterhalb des Bildfrieses zeigt typisch frühlatènezeitliches Dekor von Fischblasen. Die Wagenfahrer und Reiter tragen einen Helm, wie er für das 5. Jh. typisch ist. Die Boxkämpfer und der Diener haben einen kahl geschorenen Kopf, wie er im 7. und 6.

Abb. 5: Situla von Kuffarn, Faustkampfszene- Ausschnitt (Foto K. Kromer)

Jh. üblich war. Jedenfalls bieten die Darstellungen im Situlenstil ein gutes Bild von Aussehen und Ausstattung der Krieger im 5. Jh. v. Chr.

DIE HEUNEBURG AN DER OBEREN DONAU – EIN FRÜHKELTISCHER FÜRSTENSITZ DES 6. UND 5. JAHRHUNDERTS V. CHR.

Sabine Hagmann

Für das 6. und 5. Jh. v. Chr. lassen sich eine Reihe von Siedlungen namhaft machen, die durch gemeinsame Merkmale verbunden werden können. Es sind dies befestigte Siedlungen in markanter Höhenlage, die dann als Fürstensitze bezeichnet werden, wenn sich in ihrer Umgebung Großgrabhügel befinden und die Funde auf „internationale" Handelskontakte ebenso schließen lassen, wie auf Handwerker, die sich in ihren Berufen fortschrittlicher Techniken bedienen; außerdem sollte sich eine „Außensiedlung" größeren Ausmaßes in der Umgebung befinden. Dieses „Idealbild" eines frühkeltischen Fürstensitzes ist von W. Kimmig 1969 am Beispiel der Heuneburg entwickelt worden. Hier ist der Forschungsstand durch die Ausgrabung mehrerer Grabhügel, der Außensiedlung im nordwestlichen Vorfeld der Heuneburg und auf der Burg selbst besonders gut. Deshalb soll die Heuneburg hier exemplarisch vorgestellt werden.

Abb. 1: K. Bittel und A. Rieth beim ersten Spatenstich 1950 auf der Heuneburg. Photo: Verein Heuneburgmuseum e. V. Hundersingen

Abb. 2: Der Besuch von Bundespräsident Heuss 1955 auf der Heuneburg. Photo privat.

Die Anfänge der archäologischen Forschungen

Der Beginn der Forschungen im Bereich der Heuneburg liegt 130 Jahre zurück. Bei Abtragungsarbeiten im Gewann Gießübel im nordwestlichen Vorfeld der Heuneburg wurden auch Hügel 1 und 2 weitgehend eingeebnet. Bei diesen Erdarbeiten kamen unerwartet reich ausgestattete Grabfunde aus Hügel 1 zutage. Für diese reichen Grabfunde prägte Eduard Paulus (d. J.) 1876 erstmals den Begriff der „Fürstengräber". Den Wohnsitz der so großartig Bestatteten nahm er auf der Heuneburg an. Dieser Begriff hat sich in der Folge durchgesetzt, auch wenn aus unterschiedlichen Gründen immer wieder andere Begriffe, wie „Adelssitz" oder „Herrensitz" diskutiert werden.

Grabungen auf der Heuneburg selbst begannen erst relativ spät, nämlich im Juli 1950. Unter Leitung von K. Bittel (Institut für Ur- und Frühgeschichte der Universität Tübingen) und A. Rieth (Landesamt für Denkmalpflege) wurden erste Schnitte angelegt (Abb. 1). Bereits im Oktober wurden diese Grabungen fortgeführt und dann regelmäßig bis 1959. Schon 1950 stellte man ungewöhnliche Befunde fest, wie etwa eine Mauer aus luftgetrockneten Lehmziegeln auf der Nordwestseite der Heuneburg. Diese Mauer nach mediterranem Vorbild sorgte schnell für ein

Bauperioden		Baustadien	lokale Bauphasen	Zeitstufen
		1		
		2		Mittelalter
?		3		
	Ia	4	1 / 2	
	Ib/1	5		Lt A
	Ib/2	6		
	Ib/3	7		
	Ib/4	8		Ha D3
	II	9	1 / 2	
	IIIa	10	1 / 2	Ha D2
	IIIb	11	1 / 2	
	IVa/1	12		
	IVa/2	13		
	IVb/1	14		
	IVb/2	15		Ha D1
	IVb/3	16		
	IVc	17	1 / 2	
	Va	18		Ha A1
	Vb	19		Bz D
	VI	20		|
	VII	21		Bz B
	VIII/1	22		
	VIII/2	23		
alte Oberfläche	IX			Neol.

Abb. 3: Die chronologische Abfolge auf der Heuneburg (nach Gersbach 1996).

Abb. 4: Rekonstruktionsversuch der ersten eisenzeitlichen Besiedlung (Periode IVc) auf der Heuneburg (nach Kimmig 1983, Zeichnung Susanne Höfler).

überregionales Interesse an der Anlage (Abb. 2).

Ab 1963 sind die Grabungen auf der Heuneburg ein Projekt der Deutschen Forschungsgemeinschaft unter Leitung von W. Kimmig. Bis die Grabungen 1979 auf der Hochfläche der Heuneburg zunächst eingestellt werden, ist E. Gersbach der Grabungsleiter. Unter seiner Leitung wurde im Süden der Anlage ca. 1 ha der insgesamt 3 ha großen Anlage archäologisch untersucht.

Aufgedeckt wurde eine Anlage, die insgesamt 23 Baustadien vom Neolithikum bis Latène A aufwies (Abb. 3). Während die ältesten Siedlungen von Palisaden umgeben sind, wird der hoch über der Donau gelegene Sporn seit der mittleren Bronzezeit mit Holz-Erde-Mauern befestigt. In der frühen Eisenzeit wird die Heuneburg zunächst mit einer zweizeiligen Holz-Erde-Mauer umwehrt, aber bereits um etwa 600 v. Chr. wird die Lehmziegelmauer als ausgesprochen dauerhafte Befestigung errichtet.

Um 550 v. Chr. werden in einer verheerenden Feuersbrunst die Heuneburg und die Außensiedlung zerstört. Die Lehmziegelmauer, die nicht verbrennen kann, dürfte bis zur Höhe des ausgebrannten Wehrganges stehen geblieben

Abb. 5: Bebauungsplan zur Zeit der Lehmziegelmauer (Periode IVb/2); die Häuser stehen in Zeilen eng nebeneinander (nach Gersbach 1997).

sein. Sie wurde anschließend geschleift und die Heuneburg wieder mit einer zweizeiligen Holz-Erde-Mauer befestigt. Die Diskussion, ob die Heuneburg mit der Stufe Hallstatt D endet, oder ob die Besiedelung bis in die Stufe Latène A hineindauert, wird sehr unterschiedlich betrachtet.

Eine Stadt nach griechischem Vorbild - Pyrene an der oberen Donau?

Die Heuneburg dürfte kurz vor 600 v. Chr. noch eher wie eine bäuerliche Ansiedlung ausgesehen haben (Abb. 4). Sie ist mit einer zweizeiligen Holz-Erde-Mauer umgeben und die Innenbebauung ist eher weiträumig. Doch schon um 600 v. Chr. wird die Hochfläche mit einer Lehmziegelmauer umgeben (Abb. 5). Die Lehmziegelmauer hat einen 3 m

Abb. 6: Die Heuneburg vom Donautal aus gesehen: die weiß getünchte Lehmziegelmauer ist weithin sichtbar und beherrscht die durch das Donautal führende Handelsroute (Photo S. Hagmann).

breiten Sockel aus Kalksteinen (0,30-1,10m hoch), das aufgehende Mauerwerk wird deshalb mit mindestens 3 m Höhe angegeben.

Im Wesentlichen sind zwei Ziegelmaße nachweisbar: Lehmziegel mit 40 x 40 cm, die dem bei den Griechen als „Tetradoron" bezeichneten Ziegelmaß entsprechen und rechteckige Ziegel mit dem Maß 40 x 60 cm; die Stärke ist jeweils 9 cm. Am häufigsten wurden die rechteckigen Lehmziegel nachgewiesen. Eine Überdachung wird durch die mauerparallelen Traufgräben ersichtlich. Diese mit einem weißen Kalkanstrich als Wet-terschutz versehene Befestigung dürfte weit über das Do-nautal hin sichtbar gewesen sein (Abb. 6).

Die zugehörige Innenbebauung zeigt Häuserzeilen, die dicht nebeneinander stehen. Zäune scheinen Wirtschaftseinheiten gegeneinander abzugrenzen. In der äußersten Südostecke sind Gebäude mit technischen Anlagen häufig zu finden. Offenbar waren hier die Metall verarbeitenden Betriebe untergebracht. Die Größe der Ofenanlagen deutet eine umfangreiche Produktion an, man geht davon aus, dass hier spezialisierte Handwerker arbeiteten. Dies wird durch

Abb. 7: Randscherbe eines schwarzfigurigen Weinmischgefäßes (Photo M. Benz).

Halbfabrikate und Gusstiegel unterstrichen.

Die Heuneburg stellt sich hier als eine dicht bebaute stadtartige Anlage dar, die offenbar separate Handwerkerviertel beherbergte. Diese Art der dichten Bebauung ist in den Perioden IVc-IVa zu beobachten. In diesem Zusammenhang wird die bei Herodot erwähnte Stadt Pyrene angesprochen. Bei Herodot (II 32,2) heißt es in seinem Kapitel über Ägypten:

„Denn der Istros (Donau [A.d.A]), der von den Kelten und der Stadt Pyrene herkommt, nimmt seinen Lauf mitten durch Europa. Die Kelten aber wohnen jenseits der Säulen des Herakles (Gibraltar [A.d.A.]) als Grenznachbarn der Kynesier, die am weitesten gen Sonnenuntergang von allen Bewohnern Europas sitzen."

Ob mit dieser bei Herodot erwähnten Stadt Pyrene tatsächlich die Heuneburg gemeint war, wird ausgesprochen kontrovers diskutiert. Die starken griechischen Einflüsse bei der Befestigungsanlage während der Perioden IV und der zugehörigen dichten Bebauung, die

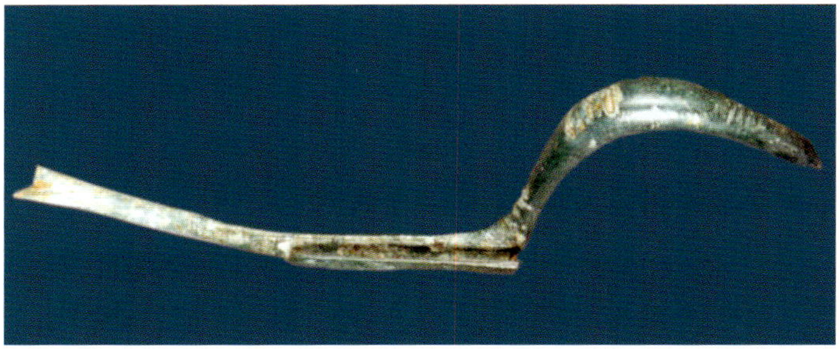

Abb. 8: Bogenfibel aus Bronze mit langem Nadelhalter und schwalbenschwanzförmiger Fußbildung aus der Außensiedlung; der Fibelfuß konnte auch als Nagelschneider genutzt werden. Fibeln dieser Art sind in Slowenien und Oberitalien geläufig (Photo Photo-Iske, Mengen).

ein gestalterisches Konzept vermuten lässt, lassen die Identifizierung der Heuneburg mit Pyrene ausgesprochen verlockend erscheinen.

Internationale Handelskontakte, innovatives Handwerk

Anhand zahlreicher Fundstücke lassen sich auf der Heuneburg weit reichende Handelskontakte aufzeigen. In den Perioden IV ist es die griechische Keramik (Abb. 7), aber auch die Fibelmode (Abb. 8) und das Zubehör für die Körperpflege, wie Nagelschneider (Abb. 9) und Spiegel (dieser Fund stammt aus der Außensiedlung) zeigen Einflüsse aus den Gebieten südlich und südöstlich der Alpen. Funde aus Bernstein weisen auf Kontakte nach Norden (Abb. 10). Handwerkstechniken sind ebenfalls übernommen worden. Der Gebrauch der Drehbank, das Herstellen von Bronzegefäßen und auch das Anfertigen von Henkelattaschen

Abb. 9: Nagelschneider mit palmettenförmigem Griff von der Heuneburg; hier handelt es sich um ein aus Etrurien importiertes Stück (Photo Photo-Iske, Mengen).

Abb. 10: Bernsteinperlen und Zierknöpfe aus Bernstein; hiermit werden Handelsverbindungen nach Norden belegt (Photo Photo-Iske, Mengen).

(Abb. 11) nach mediterranem Vorbild gehört zu den Auswirkungen der Kontakte mit dem Süden. In diese Zeit gehört die für die Heuneburg typische bemalte Keramik. Kegel- und Hochhalsgefäße, Schalen und in seltenen Fällen auch Flaschen, werden mit roter, schwarzer und weißer Farbe mit graphischen Mustern dekoriert (Abb. 12). Bemalt werden die Sichtbereiche der handaufgebauten Gefäße, also Halsfeld und Bauch bis zum Bauchumbruch. Töpferöfen sind bisher weder von der Heuneburg noch aus der Umgebung bekannt geworden. Experimente haben gezeigt, dass ein Brennofen mit regulierbarer Luftzufuhr zur Herstellung dieser bemalten Keramik notwendig ist. Möglicherweise gehört die Übernahme fortschrittlicher Brennöfen ebenfalls zu den Techniken aus dem mediterranen Raum. Ob griechische, etruskische oder phönizische Handwerker auf der Heuneburg ansässig waren, ob die keltischen Handwerker sich die Techniken über importierte Güter selbst aneigneten oder ob sie selbst sich im Süden

Abb. 11: Silen als Henkelattasche; auf der Heuneburg wurde die Gießform für eine solche Henkelattasche gefunden (Photo Photo-Iske, Mengen).

aufgehalten haben, lässt sich so nicht entscheiden. Am Beispiel der Heuneburg wird sehr deutlich, was auch bei anderen „Fürstensitzen" sichtbar wird: der Kontakt zu den Nachbarn im Süden hat das Handwerk nachhaltig geprägt und zur Aufnahme neuer Techniken geführt. Inwieweit in diesem Zusammenhang neben den technischen Möglichkeiten auch „fremde" Sitten übernommen worden sind, wie es durch das griechische Trinkgeschirr in den Perioden IV vermittelt wird, ist archäologisch schwer nachweisbar. Auffallend ist die Zusammensetzung der griechischen Keramik: Weinmischgefäße, Kannen, Trinkschalen und Becher zeigen eine spezielle Typenauswahl, wie sie für die Durchführung eines Symposions notwendig ist. Dazu kommen in den Perioden IV auch noch die den Trinkschalen nachempfundenen Pokale (Abb. 13) als

Abb. 12: Rot, weiß und schwarz bemalte Keramik von der Heuneburg (Photo Photo-Iske, Mengen).

einheimische Umsetzung der griechischen Vorbilder.

Die Zeit nach der Lehmziegelmauer

Etwa um 550 v. Chr. brennt die gesamte befestigte Heuneburg und auch die Außensiedlung im nordwestlichen Vorfeld der Burg ab. Nach der Brandschicht zu urteilen, handelte es sich um eine riesige Feuersbrunst. Der Wiederaufbau der Burg erfolgte nach völlig anderen Plänen. Die Reste der Lehmziegelmauer wurden geschleift, auf der Ruine errichtete man eine zweizeilige Holz-Erde-Mauer einheimischer Bauart. Die vormals dichte Bebauung wird nicht wieder aufgenommen, es entsteht im Süden

Abb. 13: Pokale von der Heuneburg (Photo Photo-Iske, Mengen).

der Anlage ein riesiges Gebäude, das sog. „Herren- oder Fürstenhaus", die umgebenden Häuser sind alle kleiner (Abb. 14). Die ausgeprägten Handwerkerbereiche fehlen.

Auch wenn der augenfällig griechische Einfluss in Form von Architektur jetzt fehlt, sind die Kontakte in den Süden offenbar nicht abgebrochen. Keramik wird jetzt auf der schnell rotierenden Drehscheibe hergestellt. Schwarz glänzende Schalen, Schüsseln und elegante Flaschen beherrschen jetzt das keramische Bild. Die bemalten Gefäße sind fast vollständig aus der Mode gekommen. Beibehalten wurden möglicherweise die Trinksitten. Große, im Umfeld von Massalia (Marseille) gefertigte Transportamphoren (Abb. 15) treten jetzt in Erscheinung. Eine hölzerne griechische Kline, nur noch über die Intarsien aus Bernstein nachweisbar, gefunden in Hügel 1 der Gießübel-

Abb. 14: Bebauung der Heuneburg nach der Zerstörung der Lehmziegelmauer in der 1. Hälfte 5. Jahrhundert vor Christus (Periode IIIa) (nach Gersbach 1996).

Talhau-Nekropole, lässt ebenfalls an griechische Trinksitten denken. Offen bleibt die Frage, ob es die keltischen Machthaber sind, die die fremden Sitten übernehmen, oder ob griechische Kaufleute oder Diplomaten sich länger in Anlagen wie der Heuneburg aufgehalten haben und ihre Sitten und Gebräuche beibehielten.

1. Bourges (Dép. Cher, F)
2 Mont Lassois nahe Châtillon-sue-Seine (Dép. Côte d'Or, F)
3 Le Château bei Chassey-le-Camp (Dép. Saône-et-Loire, F)
4 Camp-du-Château bei Salins-les-Bains (Dép. Jura, F)
5 Châtillon-sur-Glâne bei Posieux (Kt. Fribourg, CH)
6 Mont Vully bei Bas-Vully (Kt. Fribourg, CH)
7 Britzyberg bei Illfurth (Dép. Haut-Rhin, F)
8 Münsterberg von Breisach (Baden-Württemberg, D)
9 Hexenberg bei Lentenheim (dép. Bas-Rhin, F)
10 Baarburg bei Baar (Kt. Zug, CH)
11 Üetlilberg bei Stallikon (Kt. Zürich, CH)
12 Kapf bei Villingen (Baden-Württemberg, D)
13 Hohenasperg bei Asperg (Baden-Württemberg, D)
14 Heuneburg bei Hundersingen (Baden-Württemberg, D)
15 Goldberg bei Riesbürg (Baden-Württemberg, D)
16 Marienberg von Würzburg (Bayern, D)
17 Schlossberg von Nagold (Baden-Württemberg, D)

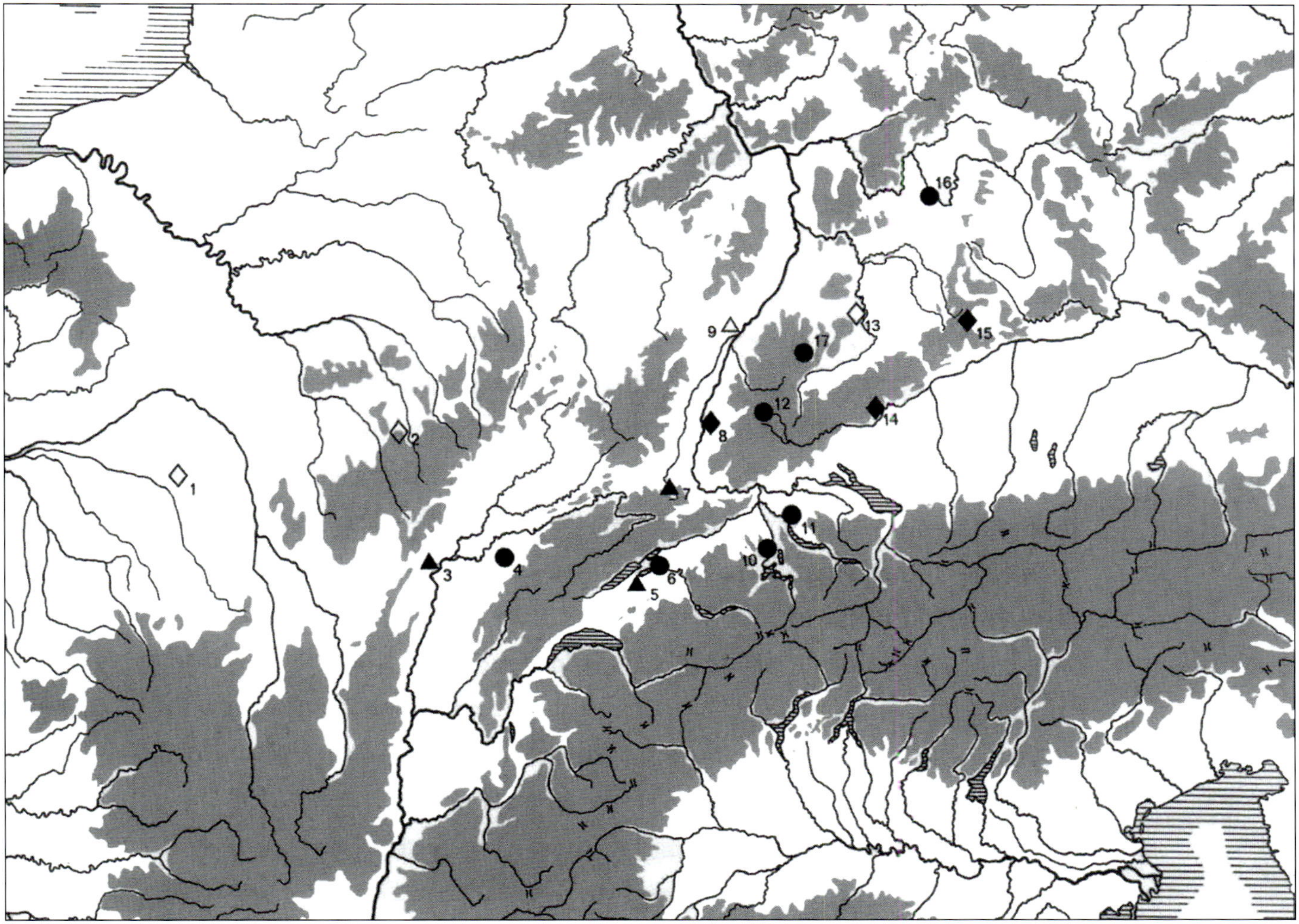

Abb. 16: Verbreitungskarte frühkeltischer befestigter Siedlungen (nach Rieckhoff/Biel 2001). Legende: Punkt – Burg kleiner 3 ha; Dreieck – Höhensiedlung Größer 3 ha; Raute – stadtartige Siedlung; offene Signatur – Kategorie vermutet.

Abb. 15: Transportamphore von der Heuneburg (Photo M. Benz).

Das Ende der Fürstensitze

Die frühkeltischen Fürstensitze in Mitteleuropa (Abb. 16) scheinen mehr oder weniger gleichzeitig zu Ende zu gehen. Oftmals ist das Ende durch einen Brand, wie auch auf der Heuneburg, gekennzeichnet. Die Ursachen dafür können nur vermutet werden. Veränderungen in den Handelsströmen und damit verbunden natürlich auch die stärker aufkommende Eisenindustrie, gekoppelt mit politischen Veränderungen in der damaligen Welt, werden diskutiert.

Sicherlich sind nicht alle befestigten Burgen zum gleichen Zeitpunkt aufgelassen worden. Auf der Heuneburg kann der Verlust der Außensiedlung nach dem Ende der Lehmziegelmauer zu einer Schwächung geführt haben. Die Veränderung der Bedeutung einiger Handelswege könnte dazu geführt haben, dass die Machthaber auf der Heuneburg nur noch die traditionellen Handelsrouten kontrollierten und damit politische Bedeutung verloren. Hinzu kommen die innerkeltischen Veränderungen, die in der Zeit um 400 v. Chr. zu den Wanderungen nach Oberitalien und nach Osten geführt haben.

WALL UND GRABEN, HAUS UND TOR

Archäologische Forschungen im Bereich der Befestigung und der Siedlung der Heuneburg-Vorburg an der Oberen Donau

Jörg Bofinger

Nachdem das Plateau der Heuneburg zwischen 1950 und 1979 zu gut einem Drittel ausgegraben wurde, rückte das unmittelbare Umfeld der Heuneburg erst in den letzten Jahren in den Focus der Forschung. Als im Jahre 1999 bei der Anlage des Parkplatzes für das Freilichtmuseum in größerem Umfang Siedlungsbefunde aufgedeckt wurden, zeigte es sich, dass eine grundlegende Neubeurteilung des Areals der Vorburg der Heuneburg in Betracht gezogen werden muss. Denn neben den neu entdeckten Siedlungsresten, die eine bislang nicht bekannte Vorburgsiedlung erkennen ließen, kamen aufgrund der Befundsituation und der stratigraphischen Verhältnisse auch Zweifel an der Datierung der Befestigungswerke auf, die bis dato als mittelalterlich galten.

Ein neues Forschungsprogramm

Im Rahmen eines Schwerpunktprogramms der Deutschen Forschungsgemeinschaft zur Entstehung und Bedeutung der „frühkeltischen Fürstensitze“ in Mitteleuropa ist dem Areal der Heuneburg-Vorburg seit dem Frühjahr 2004 ein eigenständiges Grabungsprojekt gewidmet. Hierbei nimmt die Erforschung der Siedlungsstrukturen der früheisenzeitlichen Vorburg auf der einen Seite und die Untersuchung der mächtigen Wall- und Grabenanlagen der Vorburgbefestigung auf der anderen Seite eine zentrale Position ein.

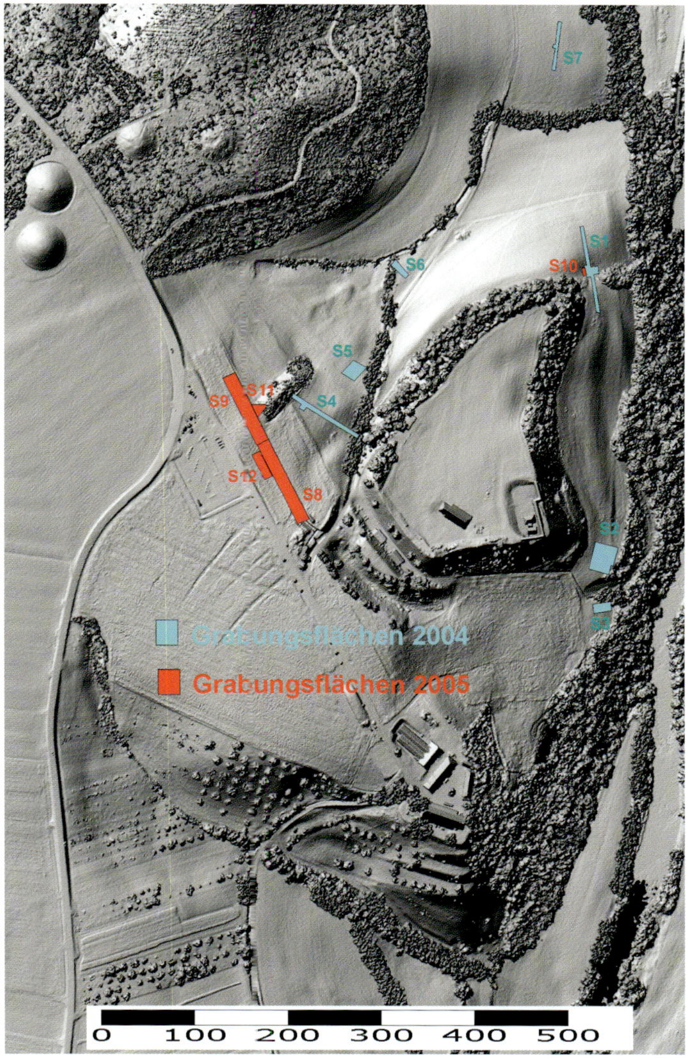

Abb. 1: Reliefbild der Heuneburg an der oberen Donau und ihrer Umgebung, das mithilfe eines lasergestützten Landschaftsscans vom Flugzeug aus erfasst wurde. Die Sondagen und Grabungsflächen des Jahres 2004 sind blau, die des Jahres 2005 sind rot eingetragen.

So wurden in den unterschiedlichen Bereichen im unmittelbaren Umfeld der Heuneburg zunächst mehrere kleinere Sondagegrabungen zur Klärung der Befunderhaltung sowie gezielte Schnitte durch die Verteidigungsgräben angelegt (Abb. 1, blaue Eintragungen). Im zweiten Jahr der Feldforschungen galt es dann, vor allem nordwestlich der Heuneburg größere zusammenhängende Siedlungsareale aufzudecken. Gleichzeitig wurde der als noch etwa 6 m hohes Geländedenkmal erhaltene Wallrest angeschnitten, um Hinweise über Konstruktion und Datierung dieses äußersten Rings der Vorburgbefestigung zu erhalten (Abb. 1, rote Eintragungen).

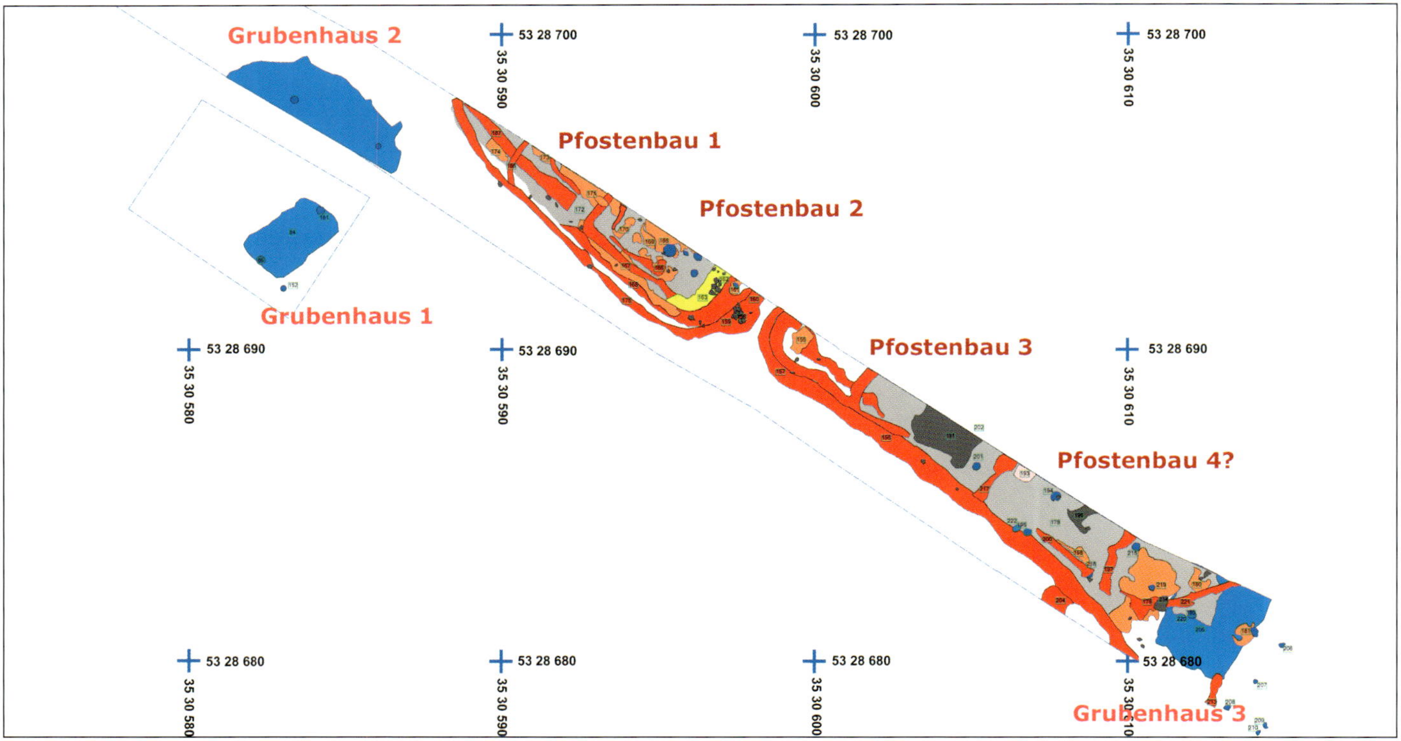

Abb. 2: Schematischer Plan der Hausplätze, die am terrassenartig gegliederten Hang westlich der Heuneburg angeschnitten wurden.

Wohnen im Schatten der Burg

Während in einer Grabungsfläche auf der Ostterrasse unterhalb der Heuneburg entgegen den Erwartungen – es handelt sich hier um ein aus heutiger Sicht sehr siedlungsgünstiges Terrain – lediglich zwei Grubenhäuser des 12. nachchristlichen Jahrhunderts zum Vorschein kamen (Abb. 1, S2), war ein etwa 70 m langer und 4 m breiter Suchschnitt in Hinsicht auf einen früheisenzeitlichen Besiedlungsnachweis dagegen um so ergiebiger (Abb. 1, S4). Am Hang, der östlich der Heuneburg zwischen dem Wallrest und dem Burgplateau in Richtung Donau abfällt, konnten unter einem mächtigen, sehr fundreichen Kulturschichtpaket, bei dem es sich um abgeschwemmte Sedimente von hangaufwärts gelegenen Siedlungsbereichen handelt, verschiedene Hausgrundrisse angeschnitten werden. Diese lagen auf unterschiedlichen kleineren Terrassen, für die das Hanggefälle offenbar gezielt abgegraben worden war, um ebenen Untergrund für die Hausplätze zu schaffen.

Insgesamt wurden mindestens drei verschiedene Pfostenbauten und zwei Grubenhäuser erfasst (Abb. 2). Im Bereich der Pfostenbauten, die sich vor allem durch die noch etwa 0,2 – 0,3 m tiefen Wand- und Traufgräbchen sehr gut zu erkennen gaben (Abb. 3), waren noch die Reste von mehreren Feuerstellen erhalten. Eine flächige Überdeckung der Hausbefunde mit verbrannten Resten des ehemaligen Wandbewurfs aus Lehm lässt vermuten, dass dieser Siedlungsausschnitt in einem Schadensfeuer zugrunde ging.

Abb. 3: Blick von Südosten auf die Grabungssituation im Bereich der Siedlungsbefunde westlich der Heuneburg. Deutlich sind die Wand- und Traufgräbchen der früheisenzeitlichen Pfostenbauten zu erkennen.

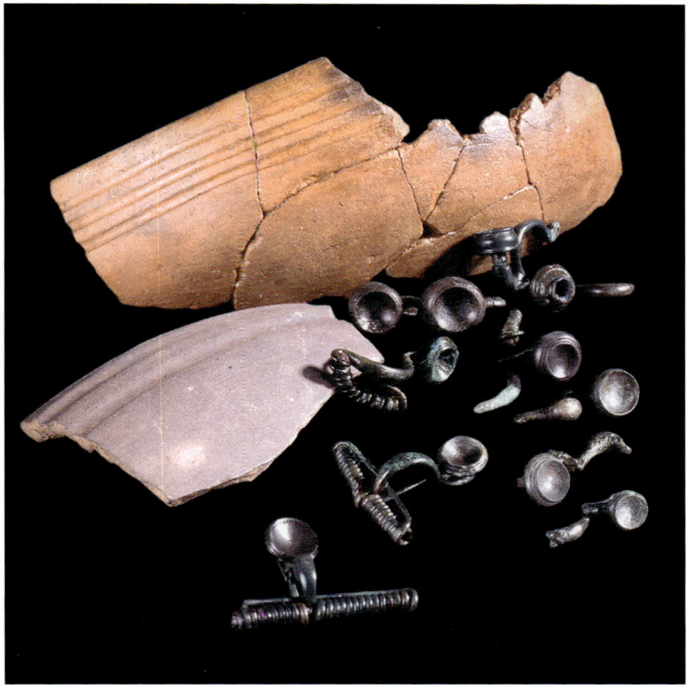

Abb. 4: Fußzierfibeln aus Bronze und Keramik, die auf der schnell rotierenden Töpferscheibe hergestellt wurde, spielen für die Datierung des Siedlungsausschnitts am Hang westlich der Heuneburg eine wichtige Rolle (Foto Y. Mühleis)

Die beiden Grubenhäuser liegen nahe beieinander und sind unterschiedlich groß. Das kleinere weist mit einem Grundriss von nur ca. 1,6 x 2,7 m deutlich weniger Platz auf als das zweite, in dessen Profil sich neben den Verfärbungen der Firstpfosten auch zahlreiche kleinere Eintiefungen auf der Sohle feststellen ließen, die wohl als letzte Reste der Standspuren eines Webstuhls zu interpretieren sind. Das Fundmaterial in Form von Spinnwirteln und Webgewichten stützt diese Deutung und belegt Textilherstellung und -verarbeitung in diesem Bereich der Vorburgsiedlung.

Ein ausgesprochen reichhaltiges Spektrum an Fundmaterial, das sowohl in den überdeckenden Kulturschichtablagerungen, wie auch in den Grubenhäusern bzw. den Gräbchenbefunden der Pfostenbauten geborgen wurde, erlaubt es, diesen Siedlungsausschnitt der ausgehenden Hallstattkultur zuzuweisen – genauer der Stufe Hallstatt D3 – und somit eine Parallelisierung mit den jüngsten Siedlungsschichten auf dem Burgplateau selbst (Heuneburg Periode II und I) vorzunehmen. Es ist vor allem der großen Zahl an Metallfunden zu verdanken – hier sind an erster Stelle die über 50 Fibeln (Gewandspangen) aus Bronze und Eisen zu nennen –, dass die chronologische Einordnung als relativ gesichert angesehen werden darf. Gerade die zahlreichen Fußzierfibeln in Verbindung mit Scherben geriefter Drehscheibenkeramik spielen als datierende Fundstücke die entscheidende Rolle (Abb. 4). Auf einen Importfund, der in den Ablagerungen der Kulturschicht zu Tage kam, sei noch hingewiesen: es handelt sich um das Fragment einer attisch-schwarzfigurigen Oinochoé (Weinkanne; Abb. 5), die um 500 v. Chr. in Athen gefertigt wurde und danach ihren Weg auf die Heuneburg fand

Abb. 5: Fragment einer attisch-schwarzfigurigen Weinkanne, das in der Kulturschicht über den Siedlungsbefunden am Hang zu Tage kam (Foto Y. Mühleis)

(Bestimmung Dr. H. Mommsen, Universität Tübingen).

Im Sommer 2006 wurde zur Aufdeckung größerer, zusammenhängender Siedlungsstrukturen im Ackergelände westlich der Heuneburg eine zunächst 100 m lange und 15 m breite Grabungsfläche angelegt, die im Laufe des Jahres Richtung Nordwest erweitert wurde.

Im Luftbild der laufenden Grabungen zeichnen sich einzelne Pfostenreihen ab (Abb. 6), die wohl zu Hausgrundrissen und Zaunkonstruktionen ergänzt werden dürfen. Am südlichen Ende des Grabungsschnittes wurde unter schützenden Schichten der im 19. Jahrhundert geschleiften Vorburgbefestigung eine vorzügliche Schichterhaltung angetroffen. Es zeigte sich, dass bereits zur Zeit der Lehmziegelmauer auf der Heuneburg im Vorfeld eine relativ dichte Besiedlung existierte; dieses Terrain nahm dann nochmals am Ende der Hallstattzeit – entsprechend

Abb. 6 : Luftbild der Grabungsfläche östlich des Parkplatzes mit den Siedlungsbefunden, deren Negativ auch nach der Ausgrabung noch deutlich Hausplätze und Zaunkonstruktionen erkennen lassen. Im Vordergrund sind die beiden Mauern der Toreinfassung zu erkennen (Foto O. Braasch)

den Befunden an dem terrassierten Hang – eine wichtige Rolle im Siedlungsgefüge im Umfeld der Heuneburg ein.

Tiefe Gräben – altes Holz

Wie eingangs bereits kurz erwähnt, hatten sich bereits infolge der Grabungen durch die Außenstelle Tübingen der Archäologischen Denkmalpflege Baden-Württemberg im Parkplatzbereich die Zweifel an einer mittelalterlichen

Abb. 7: Hallstattzeitliche Bauhölzer in Fundlage im Befestigungsgraben unterhalb der Nordspitze der Heuneburg. (Foto R. Hajdu)

Abb. 8: Detail der hallstattzeitlichen Bauhölzer im Befestigungsgraben unterhalb der Nordspitze der Heuneburg. Deutlich sind verschiedene Verzapfungen zu erkennen (Foto R. Hajdu)

Datierung der Befestigungswerke im Vorfeld der Heuneburg verstärkt. Um weitere Anhaltspunkte über Struktur und Datierung der Wall-Graben-Systeme zu bekommen, wurde bereits während der ersten Grabungskampagne des neuen Forschungsprojektes ein gezielter Schnitt durch den Graben angelegt, der die Heuneburg entlang ihrer westlichen und nördlichen Flanke säumt. Direkt unterhalb der Nordspitze des Burgplateaus wurde ein über 7 m tiefer Graben angetroffen, der in wasserstauende, tertiäre Schichten eingetieft war und völlig unerwartete Erhaltungsbedingungen bot. So überdauerte unter Sauerstoffabschluss nur wenig über der Grabensohle eine ganze Reihe bearbeiteter Bauhölzer (Abb. 7), die so gut erhalten waren, dass häufig noch die Facetten der Beilhiebe von der einstigen Holzbearbeitung zu erkennen waren. Unter den verwendeten Holzarten waren neben Eiche auch Buche, Tanne und Pappel zu ermitteln. Pfosten mit Verzapfungen belegen, ebenso wie wenige

Abb. 9: Blick nach Abschluss der Grabungsarbeiten auf den imposanten, gut 7 m tiefen Graben, der im 6. Jh. v. Chr. zum Befestigungssystem der eisenzeitlichen Heuneburg gehörte und wesentlich zum eindrucksvollen Erscheinungsbild des frühkeltischen Fürstensitzes beitrug.

Bretter, ausgezeichnete Zimmermannstechniken (Abb. 8). Mit diesen Holzfunden war es darüber hinaus nun auch möglich, einen absolutchronologischen Datierungsansatz für den Burggraben zu bekommen.

Im dendrochronologischen Labor des Landesamtes für Denkmalpflege konnte durch die Auszählung der Jahrringe das Fälldatum für ein Buchenholz mit 578 v. Chr. jahrgenau ermittelt werden (Bestimmung und Datierung A. Billamboz und W. Tegel, Hemmenhofen). Auch anhand der übrigen Hölzer konnte mit Daten wie beispielsweise 591±10 v. Chr. (Eichenholz) und nach 584 v. Chr. (Tanne) eine Bautätigkeit im ersten Viertel des 6. vorchristlichen Jahrhunderts nachgewiesen und gleichzeitig eine eisenzeitliche Datierung des Grabens zweifelsfrei belegt werden.

Unklar war lediglich, welchem Zweck die Bauhölzer einst dienten. Deswegen wurde der Grabungsschnitt im Sommer 2005 um etwa 6 m nach Westen hin erweitert. Zum einen sollte so mehr datierbares Holz, zum anderen weitere Indizien für dessen einstmalige Verwendung gewonnen werden. Tatsächlich konnten im neu ausgegrabenen Bereich – neben weiteren liegenden Hölzern – sowohl in der nördlichen wie auch in der südlichen Grabenböschung zahlreiche Pfostengruben aufgedeckt werden (Abb. 9). In einigen der Pfostenlöcher waren noch die Stümpfe der ehemals bis zu 5 m langen Holzpfosten konserviert.

Beim gegenwärtigen Stand der Ausgrabungen erscheint es am plausibelsten, die Holzreste mit einer Brückenkonstruktion in Verbindung zu bringen. Für eine Böschungsverbauung, deren Notwendigkeit in den recht weichen Schichten, in die der Graben eingetieft ist, durchaus zu bedenken ist, fallen die Hölzer insgesamt doch recht massiv aus. Auch spricht die Präsenz der Pfostenspuren auf beiden Seiten der Grabenböschung und etwas spärlicher auch im Bereich der Grabensohle eher für eine Brückenanlage, die während der ersten Hälfte des 6. Jahrhunderts den mächtigen, bis zu 7 m tiefen Burggraben querte und einen Zugang von den Arealen im nördlichen Vorfeld der Heuneburg auf die Ostterrasse ermöglichte.

Damit konnte also belegt werden, dass bereits zur früheisenzeitlichen Heuneburg ein über 6 m tiefer Graben gehörte und ihr Erscheinungsbild im 6. Jh. v. Chr. entscheidend prägte. Dieser Befestigungsgraben dürfte zwar einerseits fortifikatorische Funktion besessen haben, höher aber noch muss seine Bedeutung in Bezug auf die damit verbundene Wirkung des frühkeltischen Fürstensitzes eingeschätzt werden. Denn in enger Verbindung mit dem tiefen Graben müssen auch die steilen bzw. versteilten Hänge gesehen werden, die die eisenzeitliche Heuneburg nun in einem wesentlich monumentaleren Licht erscheinen lassen, als dies noch vor wenigen Jahren der Fall war, als eben jene gerade genannten Elemente in der Lehr- und Forschungsmeinung noch als mittelalterlich galten.

Der Graben muss der sehr guten Erhaltung der Hölzer zufolge dann recht schnell verfüllt worden sein, denn sonst hätten Weichhölzer wie Pappel oder Tanne kaum Erhaltungschancen besessen. Zahlreiche Holzspäne und -abfälle, die von der Zurichtung und Bearbeitung der Hölzer stammen, lagen ebenfalls in den unteren Verfüllschichten des Grabens und lassen vermuten, dass die mutmaßliche Brücke wohl gezielt abgebaut wurde und lediglich die unteren, in den feuchten Untergrund eingetieften und dadurch unbrauchbar gewordenen Holzreste am Ort verblieben waren. Dies könnte auch die deutliche Dominanz der Pfostenreste gegenüber den Brettern im Fundaufkommen erklären.

Einen Anhaltspunkt für den Zeitpunkt der Verfüllung kann das Fragment einer importierten Weinamphore geben, die in den Grabensedimenten unmittelbar über den Holzresten angetroffen wurde: Die Amphore gehört zu den frühen, so genannten massaliotischen Weinamphoren, die in der Zeit zwischen etwa 530 und 500 v. Chr. im damals griechischen Marseille (Massalia) hergestellt wurden.

Allem Anschein nach verlor also der Burggraben irgendwann während des letzten Viertels des 6. Jahrhunderts v. Chr. seine Bedeutung und wurde relativ rasch verfüllt. Ob dieser Verfüllungsvorgang nun freilich eine geplante Aktion im Rahmen einer Umstrukturierung und Neuorganisation des gesamten Siedlungsgefüges im Umfeld der Heuneburg war, nachdem die Lehmziegelmauer abgebrannt war, oder ob der Graben mangels kontinuierlicher Pflege und Instandhaltung zusedimentierte, ist gegenwärtig noch nicht zu entscheiden.

Überraschung im Wall – eisenzeitliche Steinarchitektur am Rande der Vorburg

Die Untersuchung der Befestigungssysteme der Heuneburg-Vorburg beschränkte sich jedoch nicht allein auf den Burggraben, der sich im staunassen Bereich entlang der gesamten Nordwestflanke der Heuneburg zieht. Es sollten auch neue Erkenntnisse zur Wallbefestigung der Vorburg

Abb. 10: Blick auf die Torsituation im Bereich der Vorburgbefestigung nordwestlich der Heuneburg. Die aus Kalkstein aufgesetzten Mauerzüge flankieren eine befestigte, 3 m breite Wegtrasse.

Abb. 11: Feldseitige Ansicht der Torsituation im Bereich der Vorburgbefestigung nordwestlich der Heuneburg. Deutlich ist die befestigte Wegetrasse zwischen den beiden Torwangen zu erkennen (Foto R. Hajdu)

gewonnen werden. Dem Burgplateau im Westen und Nordwesten vorgelagert, verläuft ein stellenweise noch bis zu 6 m hoch erhaltener Wall, dessen weiterer Verlauf in Richtung Donau hin allerdings noch zu klären sein wird. Im Parkplatzbereich wurden Abschnitte dieses Walles, dem ein bis zu 7 m tiefer Graben vorgelagert ist, bereits aufgedeckt und archäologisch untersucht. Hierbei wurde zum ersten Mal deutlich – gestützt auf stratigraphische und bodenkundliche Beobachtungen –, dass an der mittelalterlichen Datierung der Befestigungsanlagen zu zweifeln und damit eine völlige Neubeurteilung der Heuneburg-Vorburg vorzunehmen ist.

Die Erweiterung des bereits beschriebenen Grabungsareals im Bereich der Vorburgsiedlung neben dem Parkplatz in Richtung der Giesübel-Talhau Grabhügelnekropole im Sommer 2005 sollte dann auch klären, ob der Wall tatsächlich die besiedelte Fläche einfriedet und begrenzt.

Gleichzeitig versprach der randliche Schnitt durch den erhaltenen Wallrest weitergehende Einblicke in Struktur und Aufbau des Befestigungswerks. Bereits beim maschinellen Abtrag des Humus kam direkt am südwestlichen Fuß des Wallrestes, nur knapp 0,3 m unter der heutigen Ackeroberfläche, ein ungewöhnlicher Befund zum Vorschein. Zunächst nur als zwei jeweils etwa 1 m breite, linear verlaufende Kalksteinkonzentrationen erkennbar, nahmen die beiden etwa 8 m auseinander liegenden Befunde im weiteren Verlauf der Ausgrabung die Gestalt zweier Kalksteinmauern an, die auf einer Länge von ca. 12 m parallel verliefen. Die beiden Mauern selbst bestanden jeweils aus zwei Schalen, deren Inneres mit Lehm und Kalkbruch verfüllt war; das Mauerwerk der Schalen war aus sehr sorgfältig zugerichteten Kalksteinquadern gefügt, die ohne Mörtel in Trockentechnik aufgesetzt wurden. Die Erhaltung der Mauerzüge ist unterschiedlich gut; so konnten beim östlichen, zum Wallrest hin gelegenen, noch mindestens fünf Lagen in beiden Schalen beobachtet werden, während von der westlichen Mauer nur noch eine der beiden Schalen in noch acht Lagen konserviert war.

Beim gegenwärtigen Ausgrabungsstand scheint mit

den beiden Mauern eine Torsituation erfasst worden zu sein, die den Zugang durch die Wallbefestigung in die Vorburgsiedlung und weiter zur Heuneburg selbst gewährleistete. Die beiden Mauerzüge wären demnach als Torwangen anzusehen. Gestützt wird diese Interpretation durch den Nachweis einer befestigten Wegetrasse, die auf einer Breite von 3 m mittig zwischen den beiden Kalksteinmauern liegt (Abb. 10). Feldseitig wird dieses Kieselpaket fächerförmig wenig vor den Mauerenden breiter und bricht dann ab. Mit dieser Abbruchkante ist wohl gleichzeitig der Rand des Grabens beschrieben, der vor dem Wall liegt und auch – wie Bohrsondierungen in diesem Bereich zeigten – vor dem Torbereich durchläuft. Demnach muss im Vorfeld der Toranlage mit einer weiteren Brücke gerechnet werden, die die Passage über den Graben zum Tor hin ermöglichte (Abb. 11).

An dieser Stelle sei nochmals betont, dass es sich bei vorliegendem Grabungsbericht um eine erste Zusammenfassung der Ergebnisse der ersten beiden Grabungskampagnen handelt, und dass Teile der Toranlage sowie der davor liegende Graben noch nicht vollständig freigelegt und dokumentiert sind. Dieser Umstand wirkt sich auch erschwerend auf die genauere zeitliche Einordnung der Toranlage mit ihren Einzelbefunden aus.

An einer eisenzeitlichen Datierung des Befundes wird nicht zu zweifeln sein, für eine feinchronologische Verknüpfung mit einer der Siedlungsphasen, wie sie auf der Heuneburg selbst unterschieden werden können, fehlen allerdings bislang noch gesicherte Anker. Rohmaterial, Ausführung, Technik und Aussehen der beiden Kalksteinmauern des Tores gleichen in verblüffender Art und Weise dem Sockel der berühmten und bislang nach wie vor einzigartigen Lehmziegelmauer, die das Plateau der Heuneburg während der ersten Hälfte des 6. Jahrhunderts umfing. Ob sich daraus freilich auch eine zeitliche Nähe des Steintores der Vorburgbefestigung ableiten lassen darf, erscheint zwar verlockend, ist aber beim gegenwärtigen Stand der Ausgrabung nicht zu entscheiden. Festzuhalten bleibt in jedem Fall die Einmaligkeit einer Toranlage, die – in Steinarchitektur ausgeführt – mit einem früheisenzeitlichen Befestigungswerk nördlich der Alpen in Verbindung zu bringen ist. Die Existenz eines steinernen Tores passt indes gut in das monumentale Bild, das sich von der frühkeltischen Heuneburg mit ihren tiefen Befestigungsgräben, den mediterranen Mauern auf dem Plateau und dem komplexen Siedlungsumfeld immer schärfer abzeichnet.

FERNKONTAKTE UND HANDEL SEIT DER HALLSTATTZEIT

Eva Bayer-Niemeier

Zu den interessantesten und meist diskutierten Phänomenen im Fundgut der Hallstatt- und Latènezeit gehören Fundstücke, bei denen es sich offensichtlich nicht um einheimische Produkte handelt. Fragmente schwarzfiguriger griechischer Keramik und südgallischer Weinamphoren, Geschirrsätze etruskischer Trinkgefäße sowie herausragend kostbare Einzelstücke wie etwa eine mit Intarsien aus Bein, Elfenbein und Bernstein geschmückte griechische Kline aus Grafenbühl bei Asperg, bezeugen bestehende Kontakte zu den Gesellschaften der mediterranen Hochkulturen. Diese Verbindungen in den Süden stehen unbestritten mit einem die keltischen Siedlungsgebiete durchziehenden Netz von internationalen Handelsrouten in Zusammenhang. Die Interpretation ihrer Bedeutung für die keltischen Siedlungsgruppen befindet sich jedoch noch in der Diskussion.

Bereits in der Bronzezeit hatten sich weiträumige Fernhandelsnetze herausgebildet, die dazu dienten, die einzelnen Siedlungen mit wichtigen Rohstoffen und Gütern zu versorgen, die nicht oder nicht in ausreichendem Maße autark bzw. in der direkten Umgebung hergestellt und gewonnen werden konnten. Auch in der Zeit der frühen Kelten durchzogen alte wie auch neu geschaffene Handelswege zu bedeutenden Rohstoffvorkommen ihr Siedlungsgebiet. Für den Transport der oft schweren und sperrigen Waren wurden in erster Linie Wasserstraßen benutzt. Mit einer im Vergleich zum heutigen Stand etwa 120%igen Wasserführung waren auch kleinere Flüsse für die frühen Transporte schiffbar. Für die verwendeten Transportmittel gibt es nur wenige Belege aus der Frühzeit; verwendet wurden wohl flachbodige Boote mit einer Länge von ca. 10 m und nur sehr geringem Tiefgang, die mittels Treideln und Staken fortbewegt wurden.

Ziel und Ausgangspunkt einer dieser Handelsrouten nach Süden wie nach Nordwesten und Osten war das Salzbergwerk in Hallstatt in Oberösterreich. Seit dem beginnenden 1. Jahrtausend v. Chr. war es für die Salzversorgung großer Teile Mitteleuropas von Bedeutung. Im 7. – 5. Jahrhundert hatte es sich durch regen Handel zu einem der wichtigsten Verarbeitungs- und Wirtschaftszentren der frühen Eisenzeit entwickelt.

Das Fundmaterial aus den etwa 4000 Grablegen des zur Bergbausiedlung gehörigen Gräberfeldes von Hallstatt belegt eindringlich den durch den florierenden Handel mit dem unersetzlichen Lebensmittel Salz entstandenen Wohlstand der hier tätigen Menschen. In den reich ausgestatteten Gräbern fanden sich neben einheimischem Material auch zahlreiche Fragmente schwarzfiguriger Keramik aus Griechenland. Diese Importkeramik belegt die weiträumigen Handelsbeziehungen des Bergwerkzentrums weit über die frühkeltischen Siedlungsgebiete hinaus auch zu den mediterranen Hochkulturen. Andererseits bietet dieses sehr exakt datierbare Fundmaterial durch die Vergesellschaftung mit einheimischem Material die Möglichkeit der absoluten zeitlichen Einordnung dieses eisenzeitlichen Materials. Dies führte dazu, dass der Fundkomplex Hallstatt namengebend wurde für die gesamte Epoche der frühen Eisenzeit, die vom 7. bis ins 5. vorchristliche Jahrhundert reicht, die sogenannte Hallstattzeit. Im 5. Jahrhundert verlor das Bergwerk seine Bedeutung, da leichter zugängliche Salzvorkommen am Dürrnberg bei Hallein ausgebeutet werden konnten, was zur Folge hatte, dass auch die Salzhandelsrouten ihren Ausgangsort dorthin verlagerten.

Ein weiterer bedeutender Rohstoff, das zur Herstellung von Bronze unerlässlich notwendige Zinn, war ebenso Zielpunkt alter Handelswege. Die wenigen im Altertum genutzten Zinnvorkommen Europas liegen an der bretonischen Atlantikküste bzw. an der Küste von Cornwall. Sie lieferten den begehrten Rohstoff auch für die in den mediterranen Kulturen in großer Menge verwendete Bronze. Um aus Süden kommend zu diesen Lagerstätten zu gelangen, gründeten ab der Mitte des 7. Jahrhunderts die Etrusker vom nordwestlichen Mittelmeer her kommend Handelsumschlagplätze an der Küste im Rhonedelta. Von dort aus nutzten sie die Rhone und in ihrer Fortsetzung die Saone als Wasserstraße, um weiter nach Norden vorzustoßen. Hierdurch entwickelten sich in leicht mit dem Schiff zugänglichen Gebieten auch Handelskontakte zwischen den etruskischen Händlern und ansässigen Bewohnern. Gegen den von den etruskischen Händlern gelieferten Wein wurden Lebensmittel, aber auch Zinn, Kupfer und Gold eingetauscht. In die Gebiete nördlich der Alpen aber drangen diese fremden Waren zunächst nicht vor.

In der 2. Hälfte des 6. Jahrhunderts verloren die etruskischen Händler ihre Vormachtstellung im Handel mit dem Westhallstattkreis. Stattdessen lässt sich am verstärkten Auftreten aus griechischer Produktion stammender Fundstücke, wie z.B. Fragmente von Weinamphoren aus Marseille sowie schwarzfiguriger Keramik, ein Erstarken der Handelskontakte zu Griechenland ablesen. Marseille (Massilia), um 600 v. Chr. als griechische Kolonie zunächst noch im etruskisch bestimmten Handelsbereich gegründet, nimmt hierbei ab der Mitte des 6. Jahrhunderts eine zentrale Stellung ein.

Ein politisches Ereignis mag dabei das Aufsteigen der Griechen aus den westlichen Kolonien im Fernhandel der Zeit begünstigt haben: Bis in die Mitte des 6. Jahrhunderts v. Chr. hatten sie ihren Zinnbedarf aus den Metallvorkommen in Cornwall und der Bretagne über den an der spanischen Küste entlang führenden Seeweg zum Atlantik gedeckt. Der Wettstreit mit der Seemacht der an der nordafrikanischen Küste siedelnden Phöniker um die Vormachtstellung im Seehandel eskalierte 540 v. Chr. in einer vor Korsika bei Alalia ausgetragenen Seeschlacht. Der für die Griechen ungünstige Ausgang dieser militärischen Auseinandersetzung hatte eine völlige Blockade der Seeenge von Gibraltar für die griechischen Handelsschiffe zur Folge. Um sich weiterhin Zugang zu dem bedeutenden Rohstoff zu sichern, erfolgte eine Konzentration auf die über den Landweg zu erreichenden Vorkommen in der Bretagne. Abzulesen ist dies am Auftauchen attischer Keramik in den Hauptstationen der nach Nord-Westen zielenden Handelsrouten. Die durch den zunehmenden Handel über diese Routen zu vermutenden Einnahmen, vielleicht durch Zölle oder auch Zurverfügungstellen von nötigem Equipment oder Lagerraum ist eine denkbare Erklärung für den Aufstieg keltischer Fürstensitze an verkehrsgünstig gelegenen Orten in dieser Zeit.

Trotzdem ist nicht für alle Fürstensitze ihr Aufblühen mit dem Zinn- bzw. Fernhandel zu erklären. So lässt sich z.B. für den keltischen Sitz am Ipf im Nördlinger Ries wie auch am Hohenasperg in Süddeutschland eine besonders günstige Verkehrslage nicht feststellen. Sicher spielen daher für die Entstehung dieser herausragenden Eliten noch weitere Faktoren eine Rolle, wie z.B. die Beherrschung der Eisentechnologie.

Zu einer Erweiterung der „Zinnstraße“ durch das Rhone-Saone Tal nach Osten führte der Ausbau einer Handelsstraße über die Donau, die in engem Zusammenhang mit der Gründung der Heuneburg an der oberen Donau um 600 v. Chr. zu sehen ist (Abb.1). Die Heuneburg, westlichster Punkt des Darstellungsbereichs der Ausstellung, ist an der Stelle erbaut, ab der die Donau als schiffbare Handelsstraße für den Transport von Waren genutzt werden kann. Daher werden hier über Land von Westen herbei transportierte Güter gelagert und umgeschlagen worden sein. Von hier aus eröffnete sich die Donau als Haupthandelsachse nach Osten, über die etwa Bayern und Österreich, dann natürlich auch weiter östlich gelegene Gebiete bis zum Schwarzen

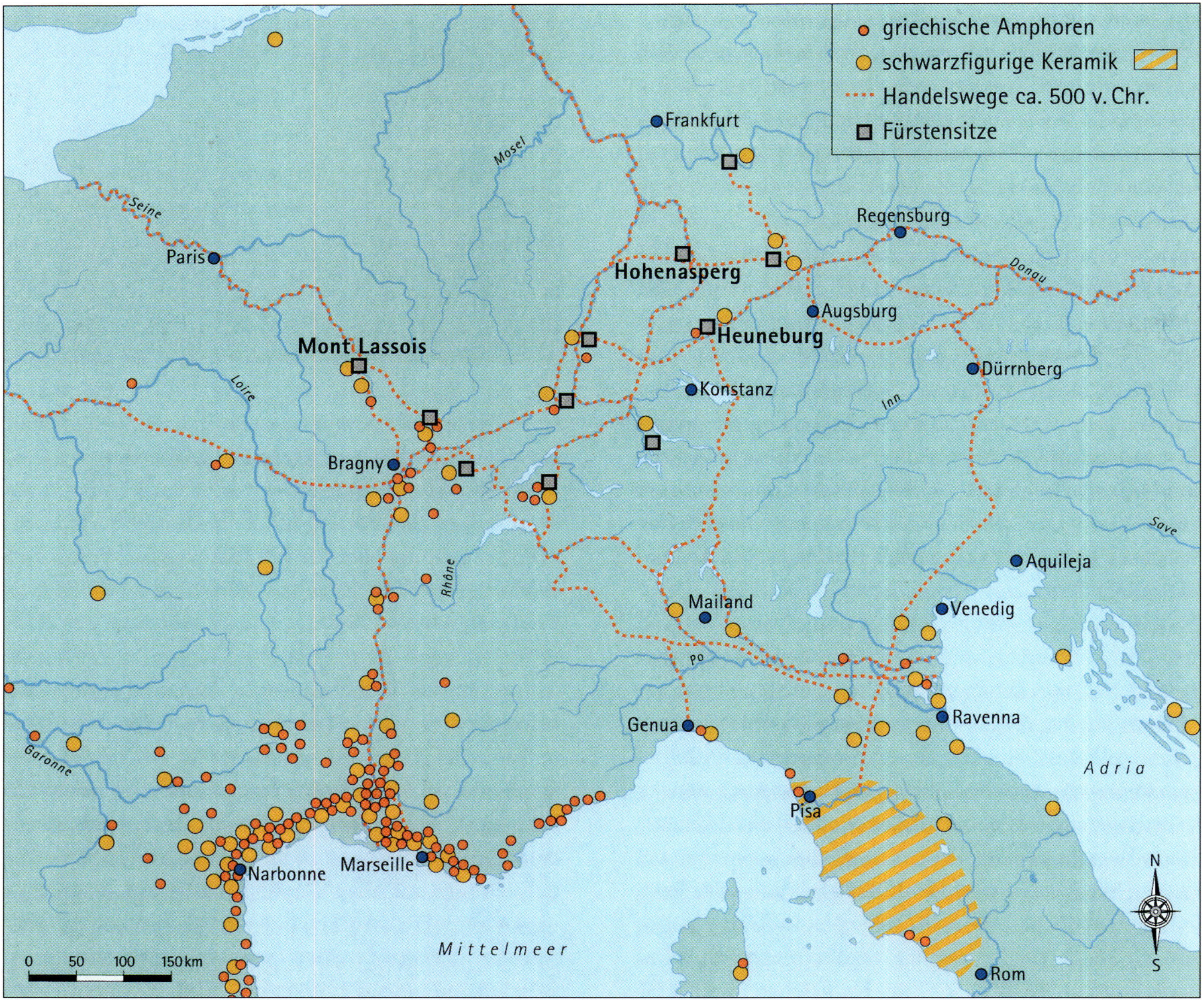

Abb. 1: Verkehrswege der späten Hallstattzeit um 500 v. Chr. (nach Kuckenberg 2004)

Meer erreichbar waren. Als wichtige Handelsdrehscheibe blühte die Heuneburg bereits um 600 v. Chr. auf, zwei Generationen, bevor Händler aus den westgriechischen Kolonien ihren Weg über Land nehmen mussten. Auch im Fundgut der Heuneburg lässt sich das Erstarken der griechischen Händler auf dem Landweg ablesen. Solange in der ersten Hälfte des 6. Jahrhunderts der Handel durch Etrusker beherrscht war, gelangten keine keramischen

Südimporte in die Gebiete nördlich der Alpen. Mediterrane Importe beschränken sich auf Bronzegegenstände und -gefäße. Erst im 3. Viertel des 6. Jahrhunderts gibt es erstmals attische schwarzfigurige Keramik auch an der oberen Donau. Scherben massiliotischer Weinamphoren belegen den Konsum von importiertem Wein in dieser Zeit auch für die Heuneburg (Abb.2).

Aus der Konzentration der Fernhandelswege auf die bedeutenden Rohstoffe im Nordwesten Europas resultiert, dass die Siedlungen des Osthallstattkreises von diesem Handel zunächst anscheinend unberührt bleiben. Die Kartierung der Verbreitung etruskischer Schnabelkannen zeigt, dass im Ostalpenraum bisher keine Funde dieser Kannenform bekannt wurden. Die östlichsten Fundorte dieser Leitform liegen wesentlich weiter nördlich, im heutigen Tschechien (Pisek, Chlum, Prag). Trotzdem lässt sich aus der in dieser Region entstandenen, für das Kunsthandwerk der Hallstattzeit einmaligen Situlenkunst ein Einfluss mediterranen, insbesondere etruskischen Kunstschaffens nachweisen. Die reichen figürlichen Darstellungen dieser Gattung zeigen sowohl in der Komposition wie auch in einzelnen Darstellungen enge Beziehungen zu figürlichen Dekorationen etruskischer Gefäße und belegen damit einen beeinflussenden Kontakt dieser Kultur zum Osthallstattkreis.

Eine Verlagerung der Handelsnetze im beginnenden 5. Jahrhundert v. Chr. findet ihre Begründung wiederum in politischen und ökonomischen Veränderungen der mediterranen Hochkulturen. Die Etrusker büßen nach mehreren verlorenen Schlachten gegen griechische Kolonisten in Unteritalien ihre Vormachtstellung im Tyrrhenischen Meer ein. Ihr Interesse an den die Seewege meidenden Handelswegen über die Alpen und damit auch an nördlich der Alpen gelegenen Gebieten steigt dadurch an. So verschieben sich die Transportwege zu den Zinnvorkommen im Nordwesten auf die von

Abb. 2: Fragment eines schwarzfigurigen Gefäßes von der Heuneburg (Foto: M. Benz)

Norditalien über Land erreichbaren Täler von Rhein und Neckar und weiter westlich von Marne und Loire. Die alte Verbindungsstrecke von der Mittelmeerküste über die Rhone verliert hierdurch ihre Bedeutung. Gleichzeitig erfährt Massilia in dieser Zeit einen wirtschaftlichen Niedergang, dessen Ursachen bislang nicht vollkommen geklärt sind. Durch den Ausfall dieser wichtigen Handelsdrehscheibe erliegt der Handelsverkehr über die Rhone nach Norden nahezu vollständig. Hierdurch werden auch die späthallstattzeitlichen Wirtschaftszentren, deren Blüte mit dem über Massilia laufenden Handelsverkehr in Zusammenhang stand, in Mitleidenschaft gezogen: Sie veröden bzw. werden aufgegeben.

Gerade in dieser Zeit, etwa um 480 v. Chr., fällt die Heuneburg einer Brandkatastrophe zum Opfer. Dass sie nicht wieder aufgebaut wird, lässt sich sicherlich auch mit der beschriebenen Verlagerung der Haupthandelswege in Verbindung bringen: Der Haupteinnahmequell der Burgherren ist versiegt. Das Umfeld der ehemals dominierenden Handelzentren jedoch scheint nicht zu veröden, im Gegenteil ist sogar oftmals ein Bevölkerungszuwachs mit neu eingerichteten Gehöften und Dörfern anzunehmen. Einerseits ist ein Aufblühen der landwirtschaftlichen Produktion festzustellen, das mit einer für das 5. Jahrhundert belegten Erwärmung des Klimas zusammenhängen mag. Andererseits schafft die Verarbeitung regionaler Bodenschätze, in erster Linie die Verhüttung und Verarbeitung von Eisenerz, neuen Wohlstand.

Die Zentren der Frühlatènezeit finden sich mit reich ausgestatteten Grablegen in Mitteleuropa nun weiter nördlich gelegen, am Mittelrhein und an der Marne. Auch sie sind sicherlich nicht unabhängig von den neuen Fernhandelswegen entstanden. Die nun bevorzugte Nutzung der Landwege durch den etruskischen Fernhandel zu den Zinnvorkommen hat sich auch im archäologischen Fundgut der neuen Zentren durch die Verbreitung von etruskischen bronzenen Schnabelkannen niedergeschlagen. Diese Leitform des etruskischen Imports findet sich im 5. Jahrhundert v.a. im Bereich von Rhein und Mosel, fehlt jedoch in Südwestdeutschland fast vollkommen. Auch einzeln herausragende besondere Prunkstücke von Grabbeigaben finden sich in Bestattungen der neuen Zentren, wie z.B. ein etruskischer, figürlich verzierter Bronzedreifuß mit großem Bronzegefäß aus einem Frauengrab bei Bad Dürkheim (Abb. 3). Ein einzigartiger Fund aus Straubing, eine kleine Bronzesitula des frühen 5. Jahrhunderts aus dem heutigen Nordsyrien (Abb. siehe Beitrag Tappert Abb. 2) ist einer der wenigen Belege dafür, dass auch Gebiete abseits der neuen Handelszentren am Fernhandel mit dem Mittelmeerraum teilhatten.

Sicherlich spielen auch lokale Rohstoffvorkommen bei der Entwicklung der Frühlatène-Zentren eine wichtige Rolle. Das Paradebeispiel hierfür ist das Aufblühen eines neuen Zentrums um den Salzförderort Dürrnberg bei Hallein im 5. Jahrhundert. Nach der Aufgabe des Salzabbaus in Hallstatt erstarkt der Ort sehr schnell durch seine Bedeutung bei der Salzversorgung auch weit entfernter Gebiete. Das Prosperieren der Wirtschaft des Ortes ist in dessen zahlreichen, reich ausgestatteten Grablegen archäologisch ablesbar. Eine Vielfalt importierter Stücke aus ganz Europa aus diesen Fundkomplexen belegt, dass die Betreiber des Salzabbaus am Dürrnberg, ebenso wie in den Jahrhunderten zuvor ihre Kollegen in Hallstatt, den hier gewonnenen wertvollen Rohstoff Salz über ein weiträumiges Handelsnetz vermarkten.

Am Beginn des 4. Jahrhunderts ist mit dem Einsetzen der keltischen Wanderung, in deren Verlauf sich die Latènekultur weit in den Norden, Westen und Osten aber auch nach Oberitalien ausbreitete, eine fundamentale Umwälzung der Siedlungsstruktur festzustellen. Zahlreiche der im 5. Jahrhundert errichteten Höhensiedlungen wurden verlassen, z.T. auch zerstört. Viele Gebiete werden weitgehend entvölkert. Die Gründe für die massenhafte Abwanderung keltischer Bevölkerung nach Süden, Westen und Osten sind bisher nicht eindeutig geklärt. Klimawandel, Überbevölkerung, Sehnsucht nach den Reichtümern der südlichen Welt werden bei den antiken Historiographen als mögliche Auslöser der Wanderwelle genannt. Gegen Ende des 4. und Beginn des 3. Jahrhunderts kommt es zu einer neuen Niederlassungswelle, deren weitgehende Beruhigung der Landschaften zur Ausbildung der so genannten Oppida-Kultur im 2. Jahrhundert v. Chr. führte, dem Aufbau großer, stadtähnlich funktionierender Orte. In der Folge ist ein Aufblühen des Handwerks sowie der wirtschaftliche Aufschwung verkehrsgünstig gelegener Siedlungen zu erkennen.

Nachdem durch die 200 Jahre währende Mobilität der Kelten kaum Aussagen zu Wirtschaftsleben und Handelsverkehr getroffen werden konnten, lässt sich nun wiederum

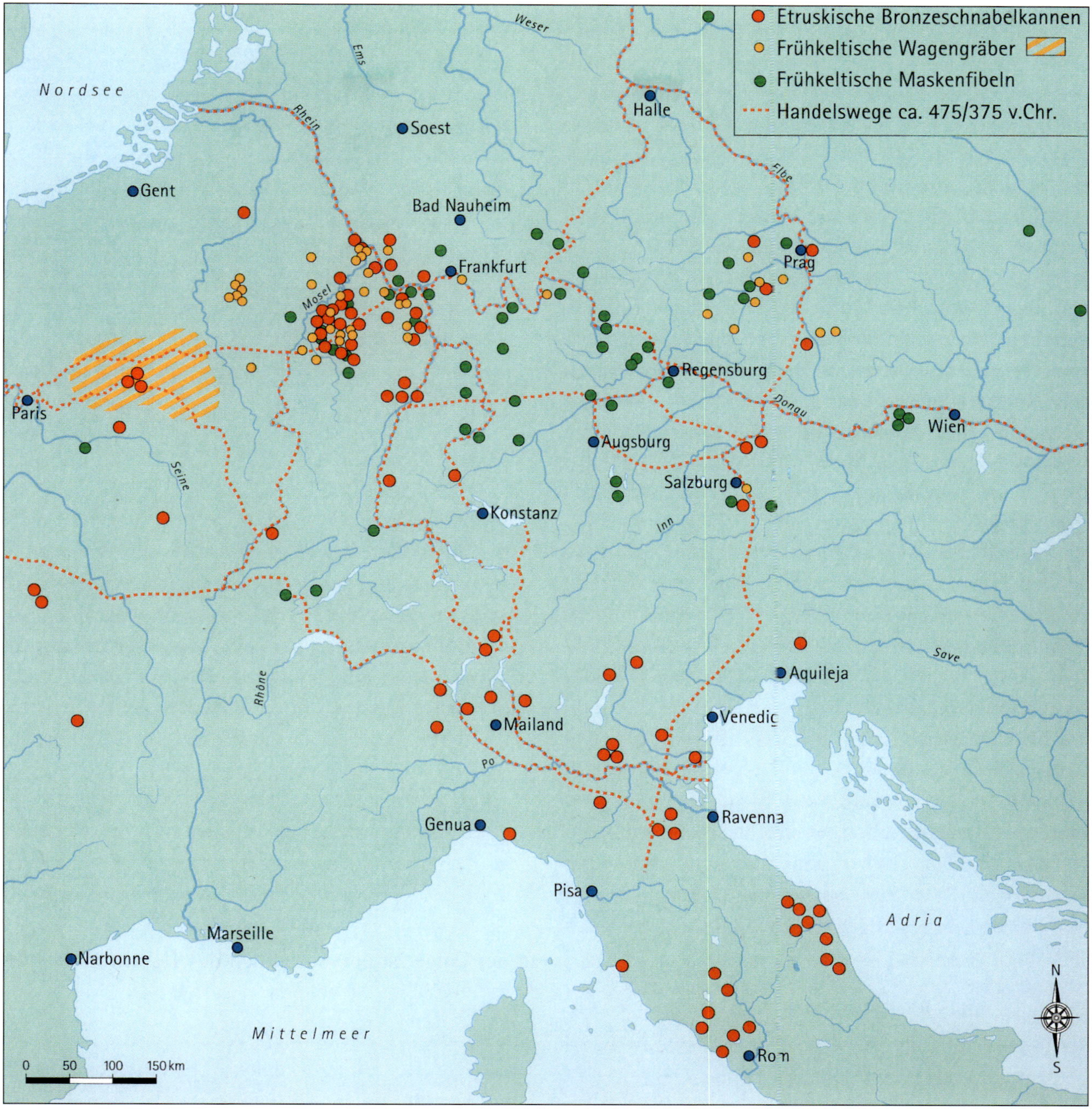

Abb. 3: Handelswege im 5. und 4. Jahrhundert v. Chr. (nach Kuckenberg 2004)

ein Fernhandelsnetz nachweisen, wie es schon im 6./5. Jahrhundert von Bedeutung war: Die Handelslinien nach Südgallien wie auch zur Atlantikküste sind in dieser Zeit ebenso nachweisbar wie die schon in der Frühlatènezeit geschaffene Verbindung der aus Oberitalien kommenden Ostalpenstraße durch die Mittelgebirge zum Main. Die Donau spielte hierbei als verbindende Handelsstraße von West nach Ost eine bedeutende Rolle. Über sie werden auch die nach Norden zielenden, durch die Flusstäler von Weser, Elbe und Oder führenden Verkehrswege angebunden. Ein wichtiges Importgut in das keltische Siedlungsgebiet war der Wein; seine Wertschätzung bei den historischen Kelten wird auch von vielen antiken Autoren überliefert. Zahlreiche Funde von Fragmenten frührömischer Weinamphoren ermöglichen es, den Weg dieses Handelsgutes über die Rhone entlang der beschriebenen Handelstraßen in den Flusstälern nachzuvollziehen (Abb. 4).

An Funden aus dem Oppidum von Manching, das seine wirtschaftliche Blüte der verkehrgünstigen Lage an der Donau und am Schnittpunkt mehrerer Handelsrouten verdankt, lässt sich der Handelsverkehr beispielhaft darlegen. Wie in der Hallstattzeit sind Fernkontakte zu den mediterranen Ländern durch Fremdstücke im Fundgut nachzuweisen: Ab 200 v. Chr. z.B. finden sich Fragmente südgallischer Weinamphoren in Manching, die den Genuss von importiertem Wein nun auch für Siedlungen im südöstlichen Deutschland belegen. In engem Zusammenhang mit diesem Luxusgut sind sicher die Importstücke von hart gebrannten, mit schwarzem Firnis überzogenen Trinkschalen, der sogenannten Campanaware, zu sehen.

Aber auch Handel mit regionalen Rohstoffen, wie z.B. der Import von Graphit aus den nahe Passau gelegenen Vorkommen, ist im Fundgut abzulesen, ebenso wie der Export der mit diesem Rohstoff hergestellten Graphittonkeramik. Funde von Rohglas zeugen von einer Produktion von Glasperlen und –armringen. Beide Produkte wurden über die Donau nach Osten aber auch nach Nordwesten verhandelt.

In der Hallstatt- wie in der Früh- und Spätlatènezeit begegnen im Fundgut keltischer Siedlungsreste zahlreiche Fremdstücke, die Verbindungen zu den mediterranen Hochkulturen belegen. Diese Verbindungen lassen sich allein durch einen mehr oder weniger regen Handelsverkehr zwischen einheimischen Vermittlern örtlicher Wirtschaftszweige und reisenden Händlern aus dem Süden interpretieren. Dabei ist zwischen Handelswaren, die in größerem Umfang ins Land kamen und wertvollen Einzelstücken zu unterscheiden, die als kostbare Geschenke an die örtlichen Eliten zu deuten sind. In diesen Gastgeschenken schlägt sich jedoch auch die Bedeutung dieser Eliten für das Funktionieren der Handelsrouten nieder; überspitzt formuliert könnten sie als eine Art Wegezoll interpretiert werden.

Der Handelsverkehr scheint zunächst auf eine Art geduldeten bzw. geförderten Transit auf den bedeutenden Handelsstraßen durch keltische Gebiete beschränkt gewesen zu sein. Beleg dafür ist die räumliche Verschiebung prosperierender Siedlungszentren mit herausragenden Eliten von der späten Hallstatt- zur frühen Latènezeit, die eine Folge der Verlagerung der Haupthandelsstrecke nach Norden ist. Der durchgehende Handelsverkehr bot jedoch auch Gelegenheit, einerseits bei den keltischen Anrainern Interesse an bisher unbekannten Waren zu wecken, andererseits über diese Handelsstraßen auch eigene Waren zu vermarkten. Die hieraus erwachsende gezielte Produktion von für den Handel bestimmtem Überschuss trägt dann bedeutenden Anteil am Aufblühen der an den Handelsrouten liegenden Siedlungszentren. Jedoch scheint ein systematisch betriebener Handel erst in den stadtartigen Ansiedlungen der fortgeschrittenen Latènezeit nachweisbar zu sein.

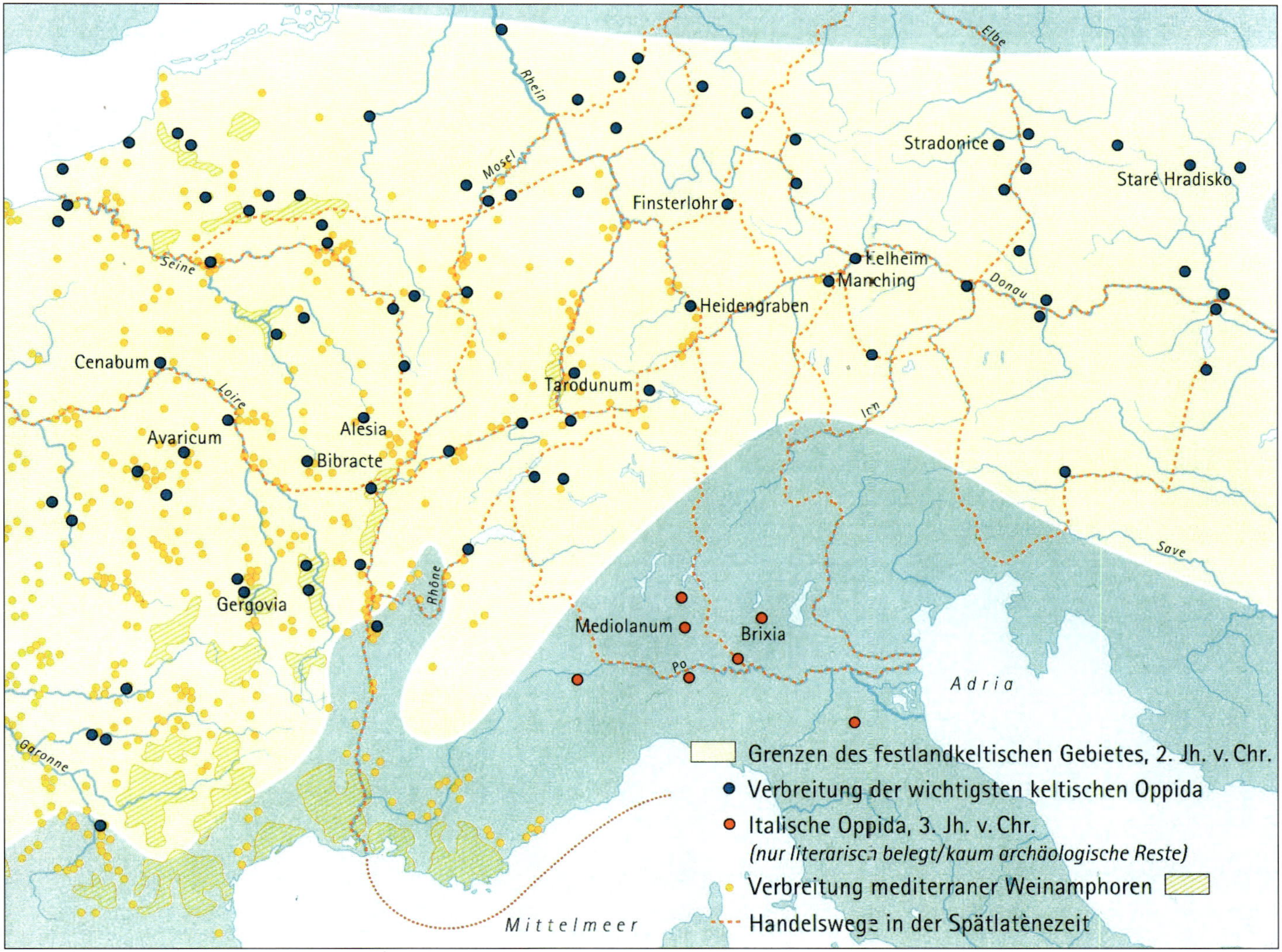

Abb. 4: Handelswege der Spätlatènezeit (nach Kuckenberg 2004)

HALLSTATTZEITLICHE HERRENHÖFE

Walter Irlinger

Die Entdeckung kaum einer anderen Denkmälergattung – eine Ausnahme bilden die neolithischen Kreisgrabenanlagen – ist so eng mit der konsequenten und kontinuierlich betriebenen Prospektion verbunden. Bis zur Einführung der Luftbildarchäologie war die „Siedlungsform" Herrenhof der Hallstattzeit nahezu unbekannt, da obertägig erhaltene Denkmäler bislang fehlten. Obwohl diese Denkmälergruppe erst seit Ende der siebziger Jahre des letzten Jahrhunderts verstärkt im Interesse der Forschung ist, lässt sich in den letzten Jahrzehnten ein beträchtlicher Erkenntnisgewinn feststellen, der hauptsächlich durch die Auswertung der Luftbilder, geophysikalische Vermessungen und zahlreiche Ausgrabungen erreicht wurde. Insgesamt sind heute von 147 Fundplätzen „Herrenhöfe" bekannt. Die tatsächliche Zahl beträgt aber 177, da an verschiedenen Punkten mehrere Anlagen auf demselben Areal bekannt wurden (Abb. 4, 4; 6).

Für die weitaus größte Zahl (110 Fundpunkte) liegen bislang ausschließlich Luftbilder vor. Meist lässt sich anhand der Bilder ausschließlich die äußere Form, Lage im Gelände und die Zahl der Gräben erkennen. Die Luftbilder tragen somit wesentlich zur Umschreibung des Verbreitungsbildes bei, während die zeitliche Stellung der einzelnen Anlagen oder die Art der Innenbebauung nicht erschlossen werden kann.

Die zweite wichtige Quelle, die zur Bearbeitung der Anlagen herangezogen werden kann, sind die Resultate der geophysikalischen Prospektion. Allerdings lässt sich auch hier meist nur die Zahl und Gliederung der Gräben, sowie die Größe und Lage der „Herrenhöfe" im Gelände erkennen. Hinweise auf die Innenbebauung sind dagegen bislang selten. Eine Beschreibung der Gebäudestrukturen anhand der Messergebnisse muss unterbleiben, da sich zum überwiegenden Teil nur geringe Teile der Bebauung abzeichnen. Bei Fundstellen, die zu unterschiedlichen Zeiten besiedelt waren, ist zudem eine zeitliche Unterscheidung der gemessenen Befunde nur in seltenen Ausnahmen möglich. Immerhin liegen aber zu 22 Fundorten maßstabsgerechte Pläne vor. Die aussagefähigste Quelle bilden mittlerweile 44 Ausgrabungen. Allerdings liegen meist nur mehr oder weniger umfangreiche Vorberichte zu den Grabungsergebnissen vor, wobei die Publikation eines Gesamtplanes im Archäologischen Jahr in Bayern zumindest eine Ersteinschätzung erlaubt.

Typologie und Aussehen der Anlagen

Die unter dem Terminus „Herrenhof" zusammengefasste Denkmälergruppe zeigt in ihrer Ausprägung eine erstaunliche Vielfalt. Die Gliederung und Beschreibung der Anlagen beschränkt sich dabei hauptsächlich auf das äußere Erscheinungsbild, die Zahl der Gräben sowie die Art der Palisade. Gesicherte Aussagen, die sich mit der Art der Innenbebauung beschäftigen bilden bislang die absolute Ausnahme.

Der Vergleich der unterschiedlichsten und in ihrem Aussagewert stark abweichenden Quellen, wie Ausgrabungsergebnisse, geophysikalische Prospektion und Luftbildbefund, zeigt, dass sich anhand der beschriebenen Befundgattungen eine Typologie der „Herrenhöfe" vornehmen lässt, die sich sehr stark an der Zahl und Gestaltung der Gräben sowie der Art der Palisade orientiert.

Eine erste Gruppe bilden einfache Anlagen, die eine geringe Innenfläche aufweisen und nur durch einen einzigen Graben begrenzt werden. Hierzu sind auch mehrere ergrabene „Herrenhöfe" zu rechnen. Bereits 1979 wurde bei Plattling (Abb. 1, 53) ein Grabenwerk dieses Typs durch Luftbilder dokumentiert. Die Ausgrabung erbrachte ein einfaches, annähernd rechteckiges Grabengeviert, das lang ausgezogene gerundete Ecken aufweist (Abb. 2, 1). Die Gesamtfläche des Innenraums beträgt etwa

Abb. 1: Verbreitung der „Herrenhöfe“ in Bayern (nach Berg-Hobohm 2002)

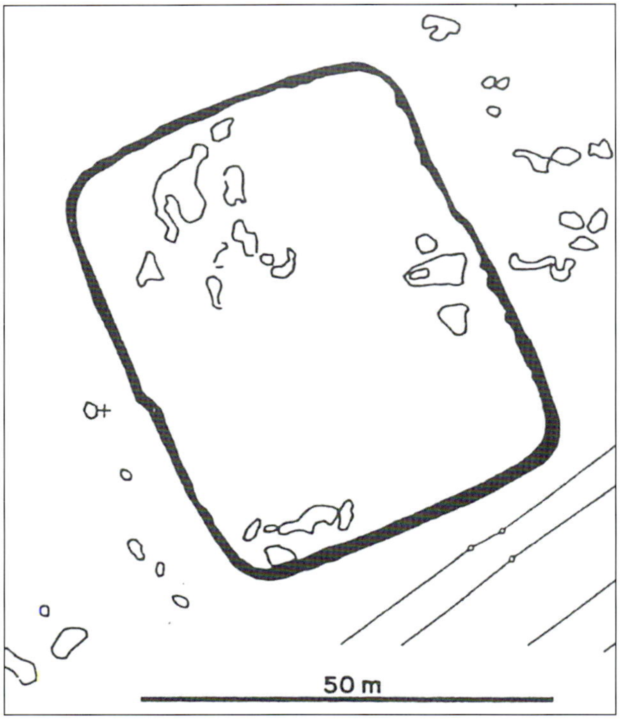

Abb. 2,1: Plattling (nach Schmotz 1991)

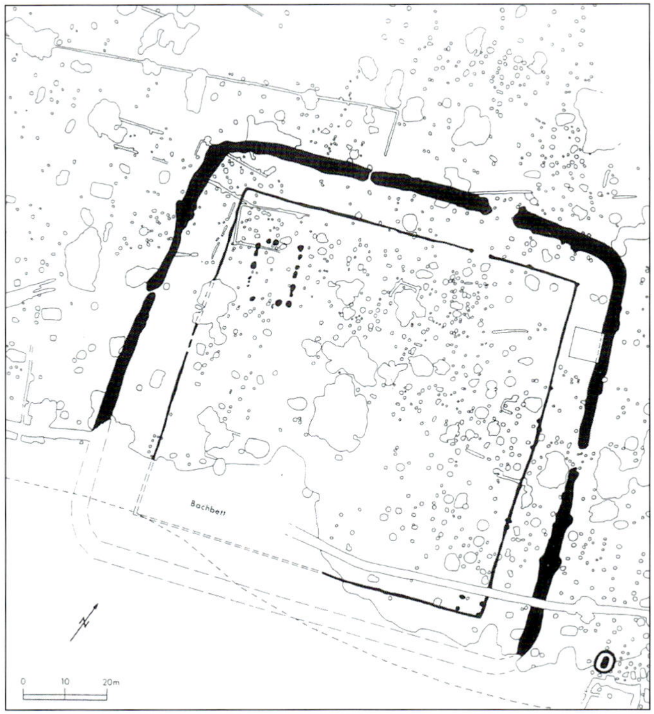

Abb. 2,2: Baldingen (nach Leidorf 1996)

Abb. 2,3: Geiselhöring (nach Nagler-Zanier 1999)

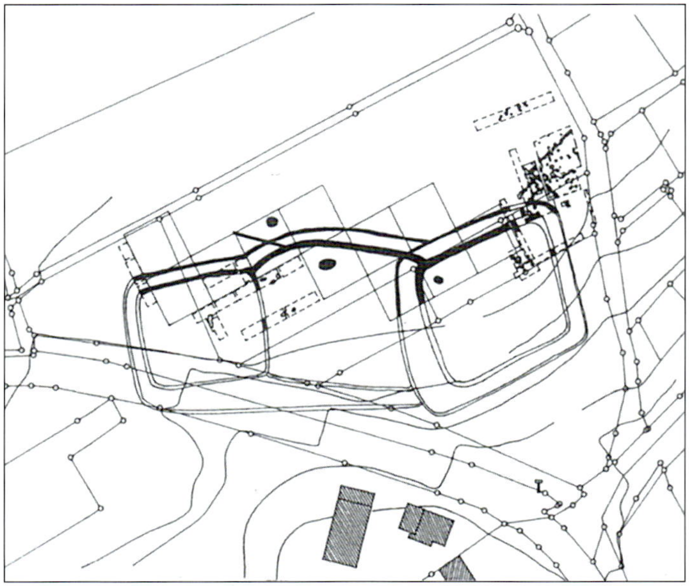

Abb. 2,4: Landshut-Hascherkeller, Plan der Magnetik (nach Becker 1996), unterschiedliche Maßstäbe.

43 x 52 m. Aufgrund einer weit fortgeschrittenen Erosion und wechselnder Bodenverhältnisse konnte keine Innenbebauung festgestellt werden. Ähnlich schwierig gestalteten sich die Ergebnisse in Buchhofen (Abb. 1, 38). Die großflächige Ausgrabung ermöglichte es, auch das Umfeld des „Herrenhofes“ zu untersuchen. Die unregelmäßig gestaltete Anlage wird von einem zwischen 0,5 und 1,5 m breiten Graben begrenzt. Im Süden und Südwesten weist der Graben Unterbrechungen durch zwei Erdbrücken auf, die als Eingänge zu interpretieren sind. Mit den 40 – 45 m langen Seiten ist die Anlage vergleichbar mit Pankofen oder auch Staubing bei Kelheim (Abb. 1, 76), wo ebenfalls ein Graben mit mehreren Erdbrücken nachgewiesen werden konnte. Auch hier führte die weit fortgeschrittene Erosion zu eingeschränkten Ergebnissen, da nur noch der östliche Teil der Anlage beobachtet werden konnte. An keinem Beispiel ließ sich eine gesicherte Innenbebauung nachweisen.

Einige Anlagen mit einem Außengraben können aber auch beträchtliche Ausmaße erreichen. In Baldingen (Abb. 1, 146) hat der annähernd quadratische „Herrenhof“ Seitenlängen von 102 und 105 m (Abb. 2,2). Erdbrücken belegen mehrere Grabenunterbrechungen. Als weiteres Element kann hier ein Palisadengraben nachgewiesen werden, der in einem Abstand von 5,8 bis 9,8 m zur Grabeninnenseite verläuft. Ein Pfostenbau in der Nordwestecke gehört zur Innenbebauung, die damit aber nicht vollständig erfasst ist. Zahlreiche Siedlungsbefunde, die sich weit über das Grabengeviert hinaus erstrecken, dürften zumindest in Teilen in die Hallstattzeit datieren. Funde deuten an, dass die Anlage bis in die Latènezeit hinein Bestand hatte.

Häufig sind „Herrenhöfe“, die ein gestaffeltes Grabensystem aufweisen. Bereits zu Beginn der Erforschung dieses Denkmälertyps wurde zwischen 1979 und 1982 eine Anlage bei Natternberg (Abb. 1, 41) untersucht, die durch drei Gräben begrenzt wird (Abb. 3). Sie umschließen

Abb. 3: Natternberg. Luftbild der Ausgrabung des „Herrenhofes“ (Foto O. Braasch)

einen fast quadratischen Innenraum mit einer Fläche von 44 x 46 m. Aufgrund der Grabenstrukturen kann von zwei zeitlich aufeinander folgenden Bauphasen ausgegangen werden. Demnach würden der innerste Graben mit einer Unterbrechung im Süden und der zweite Graben zeitlich zusammen gehören. Der äußere weist dagegen eine abweichende Struktur auf. An der Süd- und Nordseite befinden sich jeweils Erdbrücken, wobei in der nördlichen Unterbrechung vier Pfosten auf einen Torbau schließen lassen. Im Westen befindet sich ein weiterer Durchlass, der durch ein zurückversetztes Grabenstück gebildet wird.

Diese veränderte Struktur der Eingänge lässt an einen eigenständigen Teil der Umfassung denken. Unklar bleibt zudem das Verhältnis zu einem weiteren, weit nach Westen abgerückten Graben, der eine bogenförmige Gestaltung zeigt. Im Innenraum der Grabenanlage können anhand der Pfostenstellungen mindestens zwei Gebäude nachgewiesen werden.

Sehr gut zu überblicken ist die Anlage von Geiselhöring (Abb. 1, 104), bei der es sich um einen mehrphasigen, leicht trapezförmigen „Herrenhof“ handelt (Abb. 2,3). Die

Abb. 4: Niedererlbach. Gräben und Siedlungsbefunde der Außensiedlung während der Ausgrabung 1989 (Foto K. Leidorf)

Gräben sind im Nordwesten und Südosten etwa 90 m lang, im Südwesten und Nordosten dagegen nur 69 und 78 m. In die nördliche Ecke ist ein weiterer rechteckiger Graben eingebunden, der mit 34 x 38 m bedeutend geringere Dimensionen erreicht. Parallel zu dieser Seite befindet sich ein Palisadengräbchen und ein aufwändig gestalteter Torbau. Nach Nordosten versetzt erscheint in einem Abstand von 30 m ein weiterer Graben, der den äußeren Rand der Gesamtanlage markiert. Einzelne Gruben und Pfostenbauten kennzeichnen die Innenbebauung, die auch an diesem Beispiel nicht vollständig erfasst werden konnte.

Die detaillierte Analyse der Funde und Befunde zeigt eine überraschende zeitliche Tiefe der beschriebenen baulichen Teile. Um 750 v. Chr. (Ha C1) bestehen durch Zäune getrennt neben einander liegende Einzelhöfe, die den Ausgangspunkt für die weitere Entwicklung bilden. In herausgehobener Lage wird zwischen 725 und 700 v. Chr. (Ha C2) die kleine Grabenanlage errichtet, die schon um 700 v. Chr. beträchtlich erweitert wird und eine Gesamtfläche von annähernd 7 000 qm umfasst. Ein erneuter Ausbau erfolgt zwischen 650 und 625 v. Chr. In der jüngsten Phase, die zeitlich ab 625 v. Chr. (Ha D1) gesetzt wird folgt schließlich die Erweiterung nach Nordosten bis zum Außengraben. Hierdurch entsteht ein ausgedehnter Vorhof, in dem sich große Magazinbauten befinden. Die Gesamtanlage erreicht in ihrer letzten Bauphase die größte Ausdehnung und besteht aus dem großen umwehrten Bereich mit abgetrennter Ecke und Vorhof. Der Torbau verbindet die durch Holzpalisaden voneinander getrennten Bereiche. Diese komplexe Befundsituation in Kombination mit der sehr günstigen topographischen Lage über dem Laabertal lässt für Geiselhöring eine zentrale Funktion, etwa als Handelsplatz innerhalb der weiträumigen Siedlungslandschaft, vermuten.

Ähnlich komplex stellen sich die Befunde in Niedererlbach dar (Abb. 1, 83). Der „Herrenhof", der in mehreren Grabungskampagnen ab 1980 ergraben wurde, liegt in exponierter Lage an der Hangkante über dem Isartal. Teile der Anlage dürften bereits durch die Lage am Steilhang der Erosion zum Opfer gefallen sein. Neben drei annähernd parallel verlaufenden Gräben befanden sich im Innenraum ein Torbau, mehrere unterschiedlich große Pfostenbauten und Gruben (Abb. 4). Anhand der Grabungsergebnisse ist es für Niedererlbach möglich, die Entwicklung und zeitliche Abfolge genauer darzustellen. Den Ausgangspunkt bildete der innere Graben, zu dem auch mehrere Palisadengräbchen gehört haben. Anhand des Fundgutes lässt sich eine Gründung am Übergang von der Stufe HA C nach D1 oder zu Beginn dieser Stufe erschließen. Noch während der Hallstattzeit wurde der Graben zumindest in einzelnen Abschnitten neu angelegt. Eine Erweiterung erfährt die Anlage durch den mittleren und äußeren Graben, wobei vielleicht im Zuge dieser Arbeiten der ältere an der Stelle des Tores aufgefüllt wurde. Zumindest einmal erfolgte eine Erneuerung des Torbaues, der im Innenraum liegt. Spätestens in der Frühlatènezeit kommt es dazu, dass zumindest der innere Graben aufgegeben wird. Das so genannte „Webhaus", aus dem Webgewichte, Spinnwirtel und jeweils ein Knochenpfriem und –nadel stammen, überlagert den älteren Befund. Innerhalb der Umwehrung lassen sich Pfostenbauten rekonstruieren. Zu Beginn der Frühlatènezeit wird die Außensiedlung angelegt, womit eine beträchtliche Erweiterung des Siedlungsareals einhergeht. Pfostenbauten, mehrere Grubenhäuser und Vorratsgruben belegen unterschiedliche Funktionseinheiten innerhalb der Siedlung. Am Ende der Frühlatènezeit (Lt A 2) ist mit dem Ende der Siedlung zu rechnen. Durch das umfangreiche Fundspektrum können für Niedererlbach auch Kontakte in andere Regionen der keltischen Welt umschrieben werden. Besonders deutlich wird dies durch die beiden Kaurischnecken aus einer Grube der späten Hallstattzeit. Sie dürften über Handelsrouten vom Balkan entlang der Donau an die Isar gelangt sein.

Bestanden die bislang beschriebenen Formen der „Herrenhöfe" aus einer unterschiedlichen Kombination an Gräben, so wird eine weitere Gruppe von Siedlungen durch andere Elemente gekennzeichnet. Die äußere Begrenzung bilden Gräbchen, in denen Pfosten standen und somit die Abgrenzung des Siedlungsareals durch Zaungräbchen erfolgte. Hierbei handelt es sich um eine Siedlungsform, die erst in den letzten 10 Jahren durch großflächige Ausgrabungen bekannt wurde und für die beispielhaft die Untersuchungen in Unterhaching südlich von München (Abb.1, 26) oder aus Velburg (Abb. 1, 119) erwähnt seien. Charakterisiert ist diese durch mehrere deutlich begrenzte Hofareale, die in ihrer Gesamtausrichtung einem Schema zu folgen scheinen und Bezug zueinander besitzen. Die Zaungräbchen sind dabei entweder aneinander angebaut oder laufen in einigem Abstand parallel zueinander (Abb. 5). Innerhalb der abgegrenzten Areale finden sich unterschiedlich gestaltete Pfostenbauten, deren Lage im Hofareal anscheinend keinem festen Schema unterliegt. Auffallend sind bei beiden Fundstellen so genannte „Feuergruben", die eine rechteckige Grundform aufweisen und in Reihen parallel zur Außenseite der Gräbchen oder

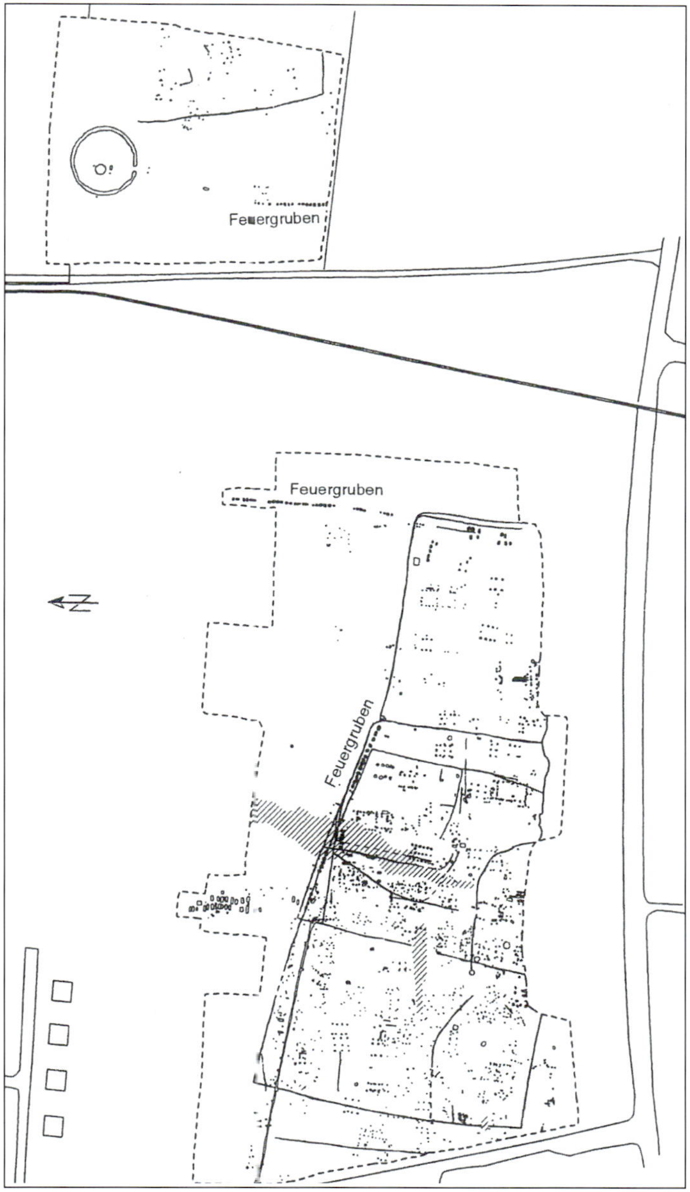

Abb. 5: Unterhaching. Plan des gestaffelten Hofsystems (nach Schefzik 2001)

als lange Linien angelegt wurden. Verziegelungen an den Grubenrändern, stark holzkohleartige Verfüllungen und verbrannte Steine zeigen an, dass dort massive Feuer

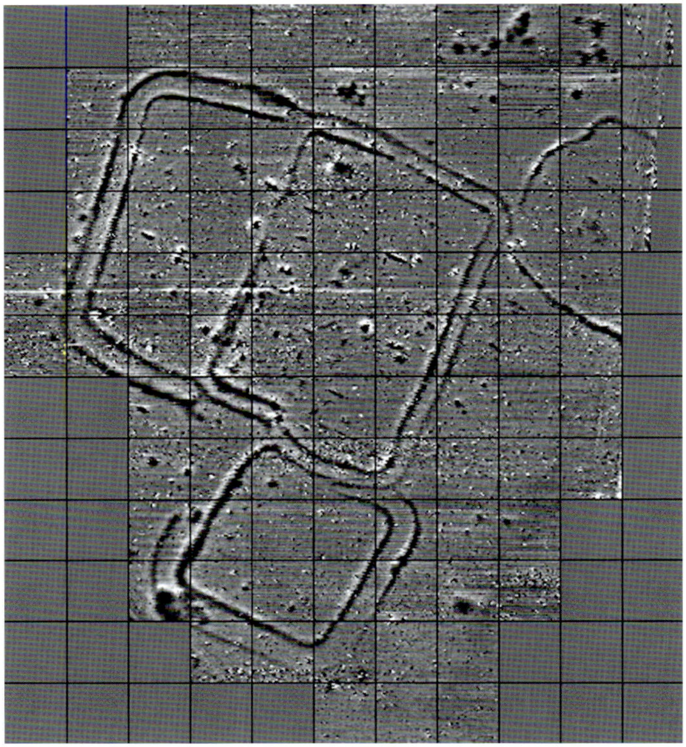

Abb. 6: Komplexe Grabenwerke der Hallstattzeit. Magnetogramm Essenbach-Mirskofen (nach Becker 1996)

wirkten. Ob es sich hierbei um Öfen unterschiedlicher Funktion handelt, oder aber die „Feuergruben" in einen kultisch geprägten Kontext zu stellen sind, ist bislang nicht geklärt. Für eine profane Nutzung würde ein Befund bei Großhöbing sprechen, der durch Schlacken in Verbindung mit Eisenverarbeitung gebracht werden kann.

Ob es sich bei dieser Gruppe abgegrenzter Siedlungen um „klassische Herrenhöfe" handelt, ist bislang nicht endgültig geklärt. Die Staffelung der Anlagen und ihre Einbindung in die zeitgleichen Siedlungslandschaften sowie ihr räumlicher Bezug zu Bestattungsplätzen deutet aber eine funktionale Nähe zu den „Herrenhöfen" an.

Die Struktur mit gestaffelten oder sich überlagernden Grabensystemen findet sich aber auch bei den Gräben von „Herrenhöfen". In Essenbach-Mirskofen (Abb. 1, 91) finden sich mehrere aneinander gebaute Einzelanlagen. Doppelgräben begrenzen und verbinden die verschiedenen Teile (Abb. 6). Durch Erweiterung des zentralen Bereiches scheint sich hier erst die Gesamtanlage entwickelt zu haben. Auch für Landshut-Hascherkeller (Abb. 2, 4) muss von zeitlich unterschiedlichen „Herrenhöfen" ausgegangen werden, die sich auf eine Länge von über 180 m erstrecken. Den Ausgangspunkt bildet hier eine urnenfelderzeitliche Befestigung mit Palisade, auf die zeitlich die beiden annähernd quadratischen Einzelhöfe folgen. In der jüngsten Phase werden die Einzelanlagen durch einen doppelten Graben miteinander verbunden.

Verbreitung der Anlagen

Bei den „Herrenhöfen" handelt es sich um eine Siedlungsform, die eng mit dem südbayerischen Raum zu verbinden ist (Abb. 1). Die Verbreitungskarte macht deutlich, dass der Schwerpunkt entlang der Donau zwischen Donauwörth und Vilshofen sowie in den fruchtbaren Zonen Niederbayerns und der südlichen Oberpfalz liegt. Besondere Bedeutung kommt dabei den Flusssystemen wie Große und Kleine Laaber, Aiterach, Isar, Vils und deren kleineren Nebenflüssen zu. Ein ähnliches Bild lässt sich auch für das Altmühltal erkennen. Vermeintlich abseits liegt der doppelte Herrenhof bei Teublitz (Abb. 1, 138), der aber in der Nähe einer wichtigen Furt durch die Naab errichtet wurde und nach Osten den Anschluss an den Weg nach Böhmen über die Cham - Furter Senke markiert. In Oberbayern sind „Herrenhöfe" bis in die Münchner Schotterebene bekannt, wobei die Befestigung auf dem Kyberg bei Oberhaching, die auf einem Geländesporn liegt und mit einer mehrphasigen Palisade geschützt war, den südlichsten Nachweis bildet. Das gesamte Alpenvorland bleibt dagegen frei von Fundstellen, ähnlich dem östlichen Bereich Niederbayerns. Erste Hinweise für das Vorkommen in dieser Region liefert eine 2004 durchgeführte Ausgrabung in der deutlich vom Verbreitungsschwerpunkt abgesetzten Anlage bei Ruhstorf an der Rott (Abb. 1, 98), aus deren doppelten Gräben Keramik der späten Hallstattzeit stammt. Entlang der Flusssysteme von Rott und Inn ist daher zukünftig mit weiteren Neuentdeckungen zu rechnen.

Vereinzelte Anlagen sind zudem aus Unterfranken in den Landkreisen Kitzingen und Würzburg (Abb. 1, 140-143) bekannt. Trotz einer beträchtlichen Befliegungsintensität des fruchtbaren Maindreieckes, wodurch die Entdeckungschance beträchtlich erhöht wird, bleibt hier die Dichte der „Herrenhöfe" weit unter den südbayerischen Verhältnissen. Im Westen zeigt dagegen die Karte der bayerischen Fundorte nur eine willkürliche Grenze. Besonders im baden-württembergischen Teil des Nördlinger Ries finden sich weitere Anlagen, die von der dortigen Forschung als Rechteckhöfe bezeichnet werden.

„Herrenhöfe" im Gefüge der zeitgleichen Siedlungslandschaften

Die Zusammenschau der Fundstellen und der Vergleich mit den Ausgrabungsergebnissen erlaubt es, die Siedlungsstruktur besser beurteilen zu können. Großflächige Ausgrabungen haben gezeigt, dass die „Herrenhöfe" anscheinend häufig in zeitgleiche offene Siedlungen eingebunden sind. In Buchhofen - Manndorf, Lkr. Deggendorf (Abb. 1, 38), Kelheim (Abb. 1, 74.75), Kirchheim bei München (Abb. 1, 25) oder auch Straubing-Öberau (Abb. 1, 116) finden sich im unmittelbaren Umfeld weitere Befunde, die zu offenen, unbefestigten Siedlungen gehören, ähnliches gilt auch für die Anlage von Geiselhöring (Abb. 1, 104). Demgegenüber ist die Außensiedlung in Niedererlbach (Abb. 1, 83) anscheinend erst in der jüngsten, frühlatènezeitlichen Siedlungsphase entstanden. Durch diese Beobachtungen wird deutlich, dass durch Gräben und Palisaden ein Teil der Siedlung besonders betont oder abgegrenzt wurde.

In die zeitgleiche Fundlandschaft gehören auch die in der

Abb. 7: Niedererlbach. Luftbild der Ausgrabungsfläche. Dunkle, runde Stellen markieren die Lage des Grabhügelfeldes (Foto K. Leidorf)

Nähe liegenden Grabhügelfelder, die bislang bei etwa der Hälfte der Anlagen nachgewiesen sind. Obwohl in den Friedhöfen Untersuchungen selten sind, ergeben sich über die Funde in den Gräbern indirekte Hinweise auf die Stellung der „Herrenhöfe" im Siedlungsgefüge, wie einige exemplarisch ausgewählte Beispiele zeigen.

Das Vorkommen von Grabhügeln in der Nähe der „Herrenhöfe" kann bei allen oben beschriebenen typologischen Gruppen nachgewiesen werden. So finden sich nur 160 m von der einfachen Anlage von Burgweinting (Abb. 1, 132) hallstattzeitliche Grabfunde. Der vermutliche Herrenhof befindet sich in leicht erhöhter Lage, während die Grabfunde unterhalb der Terrassenkante entdeckt wurden. Hierbei handelt es sich um ein häufig wiederkehrendes Schema, durch das der räumliche Bezug von Siedlung und Bestattungsplatz dargestellt wird.

Erst 1979 wurde durch Luftbilder ein Grabhügelfeld mit mehr als 100 Hügeln bei Geiselhöring entdeckt. Nur wenige hundert Meter entfernt liegt an der Terrassenkante über dem Laabertal die Anlage von Geiselhöring. Die Untersuchungen in zwei Hügeln zeigen, dass beide Gräber mit umfangreichen Geschirrsätzen ausgestattet waren. In einem Männergrab fand sich zudem ein Schwert. Auch in Niederlbach (Abb. 7) befindet sich in der Isaraue eine ausgedehnte Nekropole, deren Anfänge in der Bronze- und Urnenfelderzeit liegen. Außergewöhnlich reicher Bronze-, Gagat- und Bernsteinschmuck sowie ein vierrädriger Wagen weisen auf ein Mitglied der „Oberschicht“ hin. Bernsteinschmuck, Fibeln und Gürtelbleche aus dem nur 300-400 m vom “Herrenhof“ bei Bruckberg (Abb. 1, 82) entfernten Grabhügelfeld belegen auch für diese Fundstelle einen engen räumlichen Bezug von Siedlung und Bestattungsplatz. Für Teublitz wurde ein Bezug des mehrteiligen „Herrenhofes“ zu den Gräbern im „Samsbacher Forst“ hergestellt. Frühlatènezeitliche Becken bezeugen hier den Bestattungsplatz einer herausgehobenen Bevölkerungsgruppe.

Zusammenfassung

Die Datierung der bislang untersuchten und publizierten „Herrenhöfe“ zeigt, dass diese eine beträchtliche zeitliche Tiefe aufweisen. Für Geiselhöring kann von einem Siedlungsbeginn schon in der Stufe HA C (ab 750 v. Chr.) ausgegangen werden. Das Ende der kontinuierlichen Besiedlung setzt in der Stufe HA D 1 (ab 625 v. Chr.) ein. Dieser zeitliche Rahmen lässt sich auch für Essenbach-Altheim (Abb. 1, 87) und Wallersdorf (Abb. 1, 67) nachweisen.

Daneben existiert eine größere Zahl von Anlagen, die erst während der späten Hallstattzeit (ab 625 v. Chr.) errichtet wurden und noch während der Hallstattzeit ihre Funktion verloren. Hierzu gehören etwa: Dietfurt, Oberhaching-Kyberg, Osterhofen-Linzing, Geiselhöring-Sallach, Kelheim-Staubing. Nur bei einzelnen „Herrenhöfen“ kann ein Fortleben bis in die nachfolgende frühe Latènezeit – wie in Baldingen, Linzing, Niedererlbach, Teublitz oder Staubing – belegt werden. Aufgrund dieser beträchtlichen zeitlichen Unterschiede kann davon ausgegangen werden, dass durch das Gesamtverbreitungsbild die Verteilung der Anlagen umrissen ist, aber die Zahl der zur selben Zeit in Benutzung befindlichen „Herrenhöfe“ deutlich geringer ist.

Der räumliche Bezug von „Herrenhof“, offener, unbefestigter Siedlung und Grabhügelfeld scheint ein Charakteristikum der jeweiligen Fundlandschaft zu sein. Die Bearbeitung der Tallandschaft des Kleinen Laabertales zwischen Mallersdorf-Pfaffenberg und der Flussmündung in die Donau oder der Region zwischen Sünching und Schönach haben gezeigt, dass die „Herrenhöfe“ an den Terrassenkanten angelegt wurden, was für über 80 % aller Anlagen zutrifft. Grabenwerke in den Niederungen oder auch auf exponierten Anhöhen lassen sich dagegen nur als seltene Ausnahmen feststellen.

Vor allem die Beobachtungen zur Topographie der Anlagen, ihrem häufigem Bezug zu Tallandschaften, in denen wichtige eisenzeitliche Wegeführungen zu vermuten sind und die Nähe von Siedlungsplatz und Grabhügelfeld erlauben es die „Herrenhöfe“ als regionale Mittelpunkte in den Siedlungslandschaften zu sehen.

DIE LATÈNEKULTUR (450 - 15 V. CHR.)

Veronika Holzer

Im Laufe des 5. Jh. v. Chr. beginnt mit der Latènezeit, dem jüngeren Abschnitt der Eisenzeit, eine neue Ära in unserer Geschichte. Diese Epoche wurde nach dem bereits Mitte des 19. Jhs. entdeckten Fundort La Tène am Neuenburger See in der Westschweiz benannt. Dabei handelt es sich um eine keltische Opferstelle, eine Art Heiligtum im Seeufergebiet in Form einer Holzbrücke, von der über mehrere Jahrhunderte hinweg Weihegaben (Waffen wie Schwerter, Schilde, Lanzenspitzen und Helme) in das Wasser versenkt worden waren.

Chronologisch wird die Latènezeit seitens der Archäologie in drei Phasen eingeteilt: in die Frühlatènezeit LT A und LT B1 u. 2 (450 v. Chr. bis 260. v. Chr.), die Mittellatènezeit LT C1 u. 2 (260 v. Chr. bis 150 v. Chr.) und die Spätlatènezeit LT D1 u. 2. bzw. LT D3 (150 v. Chr. bis 15. v. Chr. bzw. bis Chr. Geb.).

Die Ethnogenese der Kelten beginnt allerdings, wie wir heute wissen, nicht erst mit der Latènezeit, sondern stellt eine bruchlose Entwicklung von der Bronze- zur Eisenzeit in fast allen Teilen Mitteleuropas dar, aus der heraus sich die keltische Kultur entwickelt hat.

Die Jahrzehnte um 500 v. Chr. waren aber in ganz Europa von außenpolitischen Umwälzungen und auch von sozialen und religiösen Veränderungen geprägt. Diese Veränderungen und der plötzliche Niedergang der in voller Blüte stehenden Hallstattkultur scheinen jedoch nicht mit größeren ethnischen Verschiebungen oder gar einem Bevölkerungswechsel einhergegangen zu sein, sondern werden eher als Folge einer möglichen Revolution unterdrückter Bevölkerungsschichten wie auch kriegerischer Auseinandersetzungen gesehen. Es handelte sich vielmehr um eine kulturelle Umwälzung, die allerdings mit markanten Machtverschiebungen und Umstrukturierungen innerhalb der gesellschaftlichen Führungsschicht und mit einer Verlagerung der kulturellen Einfluss- und Wirkungszentren verbunden war. Die Sozialstruktur der frühen keltischen Stämme des Westhallstattkreises, die von einer eher kleinen, wohlhabenden Herrscherschicht geprägt war, wurde im Laufe der jüngeren Eisenzeit von einer breiten Schicht eines Kriegeradels abgelöst, der die Führungsaufgaben übernahm.

Eine bedeutende Rolle bei diesen Veränderungen spielte, dass der frühere großteils über das griechische Massalia (Marseille) ausgehende Fernverkehr und Handel zwischen Mittelmeerraum und Mitteleuropa nun zu Beginn des 5. Jh. von einer intensiven Handelsverbindung mit den Etruskern in Mittel- und Norditalien abgelöst wurde. Das hatte einen plötzlichen Niedergang der auf den Handel mit Massalia orientierten Späthallstattzentren zufolge und bewirkte gleichzeitig einen Aufstieg frühlatènezeitlicher Provinzen (Abb.1).

Zu dieser Zeit setzte ein Neubeginn in nahezu allen Lebensbereichen der Kelten, wie der materiellen Ausstattung, des Siedlungswesens, der Religion, der Kunst und Technologie ein. So wurde die Eisenproduktion zum bedeutendsten Wirtschaftsfaktor dieser Zeit. Es wurden vermehrt die besonders wertvollen Eisenerzvorkommen im Mittelrheingebiet ausgebeutet; das Wissen über die komplizierte Verhüttung dieses speziellen Eisens kam dagegen aus Etrurien. Die Beimengung von Kohlenstoff durch die bei der Verhüttung verwendete Holzkohle, machte das Eisen zu Stahl, der durch Glühen im Wasser, Abschrecken und dann wieder durch etwas Aufwärmen gehärtet wird. Zu den größten Fertigkeiten der Kelten zählt die Metallbearbeitung. Hauptaufgabe des keltischen Schmiedes war vor allem die Anfertigung von Waffen (Schwert, Speer, Helm und Schild), Werkzeugen und Geräten. Zu seiner Feinarbeit zählte die Herstellung von Trachtbestandteilen und Schmuckstücken (Fibeln, Gürtelketten, Arm-, Bein-, Fingerringe und Halsreifen sog. Torques).

Bei der Keramikherstellung vollzog man den Schritt von der Heimproduktion für den eigenen Bedarf zur Serienherstellung in großen spezialisierten Werkstätten. Dies war durch die Einführung der schnell rotierenden Töpferscheibe, die sie am Ende der Hallstattzeit aus dem Mittelmeerraum übernommen haben, möglich geworden, denn sie erlaubt es, Gefäße in sehr kurzer Zeit aus einem Tonklumpen hochzuziehen. Es entstehen neue Gefäßformen wie (Linsen-)flaschen und Schüsseln. Für Kochgeschirr bevorzugte man graphithaltigen Ton, der den Gefäßen eine größere Dichte und Hitzebeständigkeit verlieh.

Die große Mobilität der Kelten war Grund für die Ausbreitung eines neuen, über weite Siedlungsgebiete erstaunlich einheitlichen Kunststils. Der Ursprung der keltischen Kunst lag in der Verschmelzung mehrerer Stile zu einem völlig neuen und eigenständigen Ausdruck. Die intensiven Kontakte mit den mediterranen Kulturen (Griechen, Etruskern und Italikern) und deren Geisteswelt dürften um 500 v. Chr. bei einer relativ kleinen Gruppe der Oberschicht ein neues Kunstempfinden ausgelöst haben.

Völlig neu war die gegenständliche Darstellung des menschlichen Körpers und Gesichts, von Tieren und Pflanzen, im Gegensatz zu der fast ausschließlich geometrisch ornamentalen Zierweise während der Hallstattzeit. Die Kelten schufen keine Szenenfolgen, sondern nur einzelne Figuren ohne Handlungsablauf. Gegenstände des täglichen Lebens wurden überreich figürlich ausgestaltet und verziert. Mit der Zeit spielten der Kopf und das Gesicht eine immer größere Rolle als der menschliche Körper im Ganzen, es entwickeln sich bizarre Masken und groteske oder bedrohliche Fratzen. Aus den dargestellten Tieren entfalten sich Mischwesen, die mit den griechisch-etruskischen Vorbildern nur noch wenig zu tun hatten. Bei den Pflanzendarstellungen übernahmen sie aus dem Süden blattförmige Palmetten, Ranken und Lotosblüten und fügten weitere Ziermuster wie S-Motive und Spiralen hinzu. Am Ende des 3. Jh. und im 2. Jh. kam der plastische Stil zur vollen Geltung, der Schmuckstücke an Stelle des zweidimensionalen Ornaments mit plastischen Verzierungen versah. Zur selben Zeit erscheint auch der Stil der schönen Schwerter mit reich geschmückten Scheiden.

Die in der Antike gesprochene keltische Sprache gehört zur großen indogermanischen Sprachfamilie und war verwandt mit Griechisch, Latein sowie mit dem Germanischen. Die Kelten entwickelten allerdings keine eigene Schrift, sondern bedienten sich seit dem 3. Jh. häufig der griechischen, ab dem 1. Jh. auch der lateinischen Schreibweise. Sie verwendeten die Schrift, um Objekte mit dem Namen ihres Herstellers oder Besitzers zu kennzeichnen und um auf Weihegaben den Namen des Spenders oder des Gottes, an den sich das Opfer richtete, zu vermerken. Ihr geistiges Erbe aber, wie Lieder, Epen, ihr Wissen über Vergangenheit, die Welten der Götter und Natur, gaben sie ausschließlich mündlich weiter.

Schon im 4. Jh. zählten die Kelten neben den Persern und Skythen zu den bedeutendsten barbarischen Völkern der damaligen Welt. Da die Kelten aber selbst keine Aufzeichnungen über ihre Geschichte hinterließen, wissen wir nicht, wie sie selbst gedacht haben und auch wie sie sich selbst genannt haben. Was wir über sie wissen, erfahren wir aus den schriftlichen Überlieferungen der südlich gebildeten Welt der Antike, die die Kelten jedoch erst um die Wende des 6. zum 5. Jh. v. Chr., vor allem durch Handels- und Wirtschaftsbeziehungen, aber auch bald durch die militärischen Angriffe, kennen lernt.

Die allererste verlässliche Nachricht stammt von Hekataios von Milet, einem griechischen Historiker aus Kleinasien, der um 500 v. Chr. vermerkt, dass das Land der Kelten oberhalb (nördlich) der Stadt Massalia (Marseille) liege.

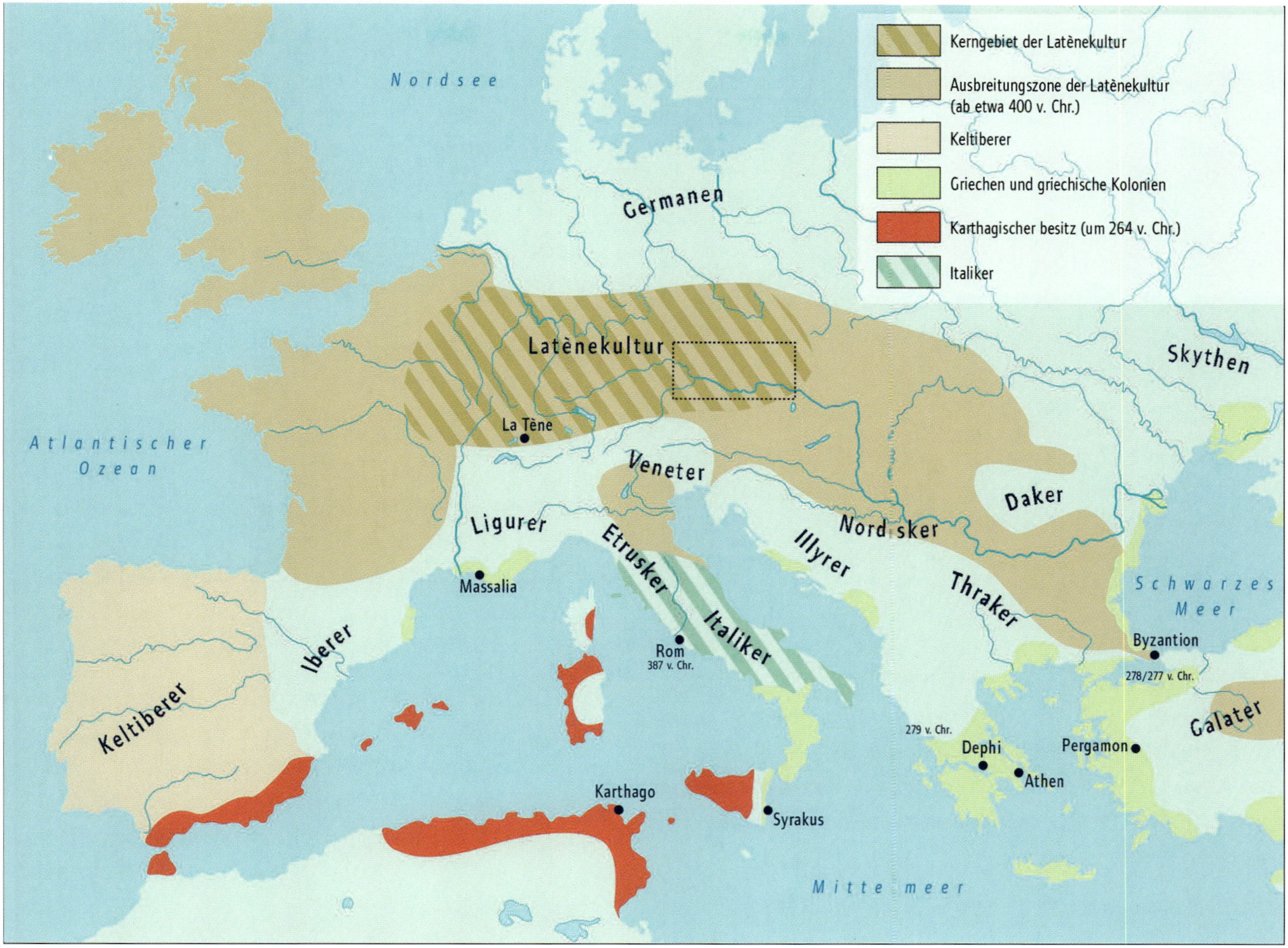

Abb. 1: Verbreitungskarte der Latènekultur in Europa (Umzeichnung nach Kuckenberg 2004, S. 78)

Herodot aus Halikarnassos schrieb in seinen berühmten Geschichtswerken um 450 v. Chr., dass der Fluss Istros (Donau) bei den Kelten und in der Nähe der Stadt Pyrene entspringe bevor er dann mitten durch Europa fließe, um in das Schwarze Meer zu münden. Seinen Aufzeichnungen nach würden Kelten auch jenseits der Säulen des Herakles (Gibraltar) wohnen. Da aber Herodot seine Informationen nur aus zweiter Hand von Seefahrern, Händlern und Reisenden bezogen hatte, sind seine Vorstellungen kritisch zu betrachten.

Titus Livius aus Padua hat in seinem Werk über die römische Geschichte die Kelten oder Gallier (lateinische Sprachversion) mehrfach beschrieben. Problematisch auch bei ihm ist allerdings, dass er seine römische Geschichte zwischen 50 und 12 v. Chr. schrieb, aber Ereignisse schildert, die rund 400 Jahre früher stattgefunden haben.

Strabon, ein griechischer Geograph, lebte 64 v. bis 19 n. Chr. und schrieb ebenfalls mehrere Jahrhunderte nach den Ereignissen selbst, unter anderem, dass im Jahre 335 v. Chr. Alexander der Große an der unteren Donau auf Kelten stieß.

Das Volk, das man jetzt gallisch oder Galatisch nennt, ist in seiner Gesamtheit kriegswütig und hitzig und rasch beim Kampf, doch im übrigen aufrichtig und nicht bösartig. Wenn man sie reizt, findet man sie gleich bereit zum Kampf, obgleich sie außer Kraft und Kühnheit keine Eigenschaften besitzen, die ihnen im Kampf förderlich wäre. (Strabon)

Über das Aussehen der Kelten schrieb um 100 v. Chr. als einer der ersten der gebürtige Grieche Poseidonios aus Apameia in Syrien, der ausgedehnte Forschungsreisen im gesamten Mittelmeerraum unternahm. Später verwerteten andere Autoren wie Diodoros aus Sizilien seine Ausführungen in ihren eigenen Schriften.

Sie haben nicht nur von Natur blondes Haar, sondern sie suchen diese eigentümliche Farbe auch noch durch künstliche Mittel zu verstärken. Sie reiben nämlich die Haare dauernd mit Kalkwasser ein und streichen es von der Stirn zum Scheitel und Nacken hin zurück.... Die Haare werden von dieser Behandlung so dick, dass sie sich kaum von einer Pferdemähne unterscheiden. Den Bart scheren einige ab, andere lassen ihn mittellang wachsen. Sie selbst haben ein Furcht erregendes Aussehen und tief tönende, ganz raue Stimmen. Im Gespräch drücken sie sich kurz und rätselhaft aus; während sie das meiste nur mit versteckten Anspielungen andeuten, sprechen sie andererseits gern mit Übertreibungen, um sich selbst zu erhöhen und alle anderen herabzusetzen. Sie geben sich gern drohend, hochtrabend und gespreizt. Dabei haben sie einen scharfen Verstand und sind nicht unbegabt zu Lernen. (Diodor V, 28 und 31)

Besonders interessierten sich die Römer für die Kelten als Krieger, Ihre Kleidung und Ausrüstung wurde mehrfach beschrieben: Keltische Männer trugen lange Hosen und Hemden in verschiedenen Farben mit Blumenmustern. Ihre mit einer Schulterfibel verschlossenen Mäntel waren gestreift oder mit dichtem und buntem Würfelmuster besetzt.

Ausgerüstet waren sie mit mannshohen, bunt bemalten Schilden. Einige besaßen Helme mit merkwürdigen Aufsätzen, einige eiserne Kettenpanzer. Ihre auffällig langen Schwerter trugen sie auf der rechten Seite. Der Torques aus Metall, ursprünglich aus einem tordierten Strick bestehend, galt in der Antike geradezu als Markenzeichen des keltischen Kriegers.

Der Vorteil der Kriegsberichte des 1. Jh. in Gallien von Gaius Julius Caesar besteht darin, dass sie auf eigener Anschauung beruhen. Allerdings ist ihre Objektivität nicht gesichert, da es sich um Rechenschaftsberichte eines kriegsführenden Oberbefehlshabers den Feinden gegenüber handelt.

Im 4. Jh. waren Überbevölkerung, innere Zerstrittenheit durch die entstandene Spannung aufgrund der großen sozialen Unterschiede zwischen Volk und Herren oder die Verlockung der südlichen Lebensweise mögliche Gründe für die keltische Expansion. Eine Verschlechterung des Klimas mit erheblichen Ernteeinbußen erhöhte noch zusätzlich den Auswanderungsdruck. Ein Teil des Volkes suchte zunächst noch in den angrenzenden Gebieten, später aber durch kriegerische Eroberungen auch in den entfernten Gegenden, neue Daseinsmöglichkeiten. In jedem Fall richteten sich die Eroberungszüge der Kelten gegen ihre einstmaligen Handelspartner; ihre geografischen Ziele waren den Kelten durch die Handelsbeziehungen gut bekannt.

So strömten bewaffnete keltische Gruppen über die Alpenpässe zuerst in die Poebene und beherrschten die vorherigen etruskische Gebiete und ihre blühende Zentren wie Felsina (Bologna). Sie griffen Rom an, verwüsteten unter der Führung des Brennus die Stadt und drangen später weiter bis nach Apulien vor.

Diese Angriffe waren äußerst heftig und riefen Schrecken und Entsetzen hervor. Die Waffenträger gehörten bei den Kelten zur Stammeselite, die Streitwagenkrieger und die Reiterei entstammten der führenden aristokratischen Schicht. Da die Kelten kein stehendes Heer kannten, befehligten im Kampfesfalle die entsprechenden Führer ihre nach Stämmen und Sippen gegliederten Truppenteile, wobei jedoch, im Gegensatz zum großen persönlichen Mut, fehlende Disziplin und mangelnde Zusammenarbeit Schwachpunkte dieser Formationen waren. Sie glaubten, dass ein blindwütiger Angriff in tranceartiger Raserei den Widerstand der Gegner brechen müsse.

Auf der Basis der druidischen Lehre von der Wanderung und Unsterblichkeit der Seele und der Aussicht auf ein angenehmes Jenseits verachteten viele dermaßen den Tod, dass sie in ihrem Fatalismus nackt, nur mit einem Schild als Schutz kämpften. Vielfach suchten die keltischen Krieger einen Duellpartner aus den feindlichen Reihen zu finden, den sie zum Einzelkampf herausforderten.

Der Zug der Kelten nach Rom, verbunden mit der vernichtenden Niederlage des römischen Heeres um 387 v. Chr. am Flüsschen Allia, begründete die tiefe Existenzangst des römischen Staates gegenüber der Bedrohung durch die Barbaren. Nach dem Vorstoß nach Rom und seiner Verwüstung blieben die Kelten für etwa hundert Jahre in der Poebene und an der Adriaküste sesshaft. Von dort aus unternahmen sie regelmäßig Plünderungszüge bis nach Süditalien.

Um die Wende des 5. zum 4. Jh. besetzten die Kelten auch die reichen Zentren im Donaugebiet und drangen dann weiter in das Karpatenbecken ein. Von ihrer Anwesenheit in diesem Raum zeugen schriftliche Berichte aus dem 4. Jh. des Pompeius Trogus von Südfrankreich: Alexander der Große soll im Jahr 335 v. Chr. Vertreter der Kelten empfangen haben. Heftige Einfälle richteten sich nach Südosten, bis nach Thrakien und über Thessalien bis nach Griechenland (Delphi). Ein Teil der Kelten erreichte sogar Kleinasien, wo König Antiochos Soter sie 270 v. Chr. am Fluss Halys in fruchtbaren Gebieten ansiedelte (Galatia). Die größte Ausdehnung des keltischen Siedlungsraumes war zu Beginn des 3. Jhs. v. Chr. erreicht. Er umfasste die Gebiete zwischen dem im Westen liegenden Irland und Kleinasien im Osten und verdeutlicht die Größe der keltischen Macht im damaligen Europa. Als Söldner verdingten sich die Kelten bei den unterschiedlichsten Herrschern, so dass keltische Kriegerverbände sogar bis nach Ägypten gelangten.

Die Wanderungszeit der Kelten markiert einen noch tieferen Einschnitt in die keltische Geschichte als der Übergang von Hallstatt zu Frühlatène im 5. Jh. Das Gefüge der gesellschaftlichen Organisation wurde grundlegend anders, durch die mobile Lebensweise vereinfachte sich der Lebensstil und bewirkte eine Vereinheitlichung der keltischen Sachkultur.

Erst nach langer Zeit, als die Römer den keltischen Stämmen mehrere schwere Niederlagen zufügten, gelang es ihnen, dem gallischen Ansturm Einhalt zu gebieten. 295 v. Chr. besiegten die Römer die Senonen in der Schlacht von Sentinum in Umbrien. Nach einer weiteren siegreichen Schlacht der Römer im Jahr 225 v. Chr. bei Telamon in Etrurien unterwarf Rom auch die Boier und Insubrer in der Poebene und begann die allmähliche Besetzung Norditaliens. Die Kelten, die sich Hannibal im Zweiten Punischen Krieg anschlossen, wurden 202 v. Chr. endgültig in die Knie gezwungen. Im Jahr 192 v. nahmen die Römer den gallischen Stützpunkt Bologna ein und im Jahr 82 v. Chr. erhielt Norditalien unter dem Namen Gallia Cisalpina den Status einer römischen Provinz.

Auf dem Balkan war es ähnlich wie in Italien, nach dem verlorenen Angriff auf Delphi 279 v. Chr. mussten sich die Kelten wieder schrittweise in den mittleren Donauraum zurückziehen. Die ein Jahr später den Hellespont überquerenden und in der Mitte Kleinasiens angesiedelten Kelten (Galater) wurden im Jahr 235 v. Chr. von König Attalos I bei Pergamon vernichtend geschlagen.

Durch diesen Rückzug aus der Mittelmeerwelt in ihre Kerngebiete, brachten sie Lebensgewohnheiten, Wirtschaft und städtische Zivilisation mit nach Mitteleuropa, die eine große Rolle bei der Weiterentwicklung der keltischen Gesellschaft spielten. Im Laufe des 2. Jh. lässt sich im mittel- und westeuropäischen Gebiet der Kelten archäologisch eine Änderung der Siedlungsstrukturen feststellen. Entlang von bedeutenden Verkehrswegen entstanden befestigte Großsiedlungen, die Caesar als Oppida bezeichnete und die wirtschaftliche, politische und auch militärische Mittelpunkte der Stammesgebiete bildeten. Sie lagen meist geschützt auf Anhöhen oder in Fluss-Schlingen und waren bewehrt (murus gallicus, Pfostenschlitzmauer). Oft waren Heiligtümer, deren kultische Bedeutung möglicherweise eines der wichtigsten Motive für die Errichtung großer Oppida war, die Keimzelle solcher Siedlungen.Die Herausbildung urbaner Zentren setzt sehr komplexe wirtschaftliche und gesellschaftliche Strukturen voraus, welche nur in Hochkulturen mit differenzierter Geldwirtschaft, Steigerung der landwirtschaftlichen Produktion, genormten Maßen und Gewichten, Kontrollinstrumenten und einer Schrift vorhanden sind.

Den ersten Kontakt mit Münzen hatten keltische Söldner, die Tetradrachmen und Statere aus Griechenland mitgebracht haben. Ab etwa 300 v. Chr. begannen die Kelten mit der Prägung eigener Münzen, bei denen es sich zunächst nur um Nachahmungen der griechischen Vorbilder handelte. Bei den frühesten Prägungen handelt es sich vorwiegend um Goldmünzen, die aufgrund ihres hohen Materialwertes wohl eher Schatzgeld und Vermögensdepot als alltägliches Zahlungsmittel waren. Seit dem 2. Jh. kamen zunehmend Münzen mit eigenen Motiven und aus Silber dazu. Der deutlichste Hinweis für Münzwerkstätten sind Schmelz- und Gussformen aus Ton mit einer Reihe von halbkugeligen Eintiefungen, in denen man die Münzrohlinge (Schrötlinge) goss. Man kann bei den Kelten von keiner ausgeprägten Münzhoheit im Sinne eines herrschaftlichen Monopols ausgehen, vielmehr scheint jeder Adelige, der ausreichenden Einfluss hatte und über das nötige Rohmaterial verfügte, das Recht zur Münzherstellung gehabt zu haben, wodurch eine ungeheure Mannigfaltigkeit der keltischen Münzserien entstand. Seit der Mitte des 1 Jh. sind in Gallien und Böhmen durch stärker zentralisierte politische Strukturen Münzen mit den Namen und zum Teil auch den idealisierten Porträts der Stammesfürsten bekannt. Der Besitz schwerer Gold– und Silbermünzen dürfte sich weitgehend auf die Adelsschicht beschränkt haben, im bäuerlichen Bereich spielte nach wie vor der Tauschhandel eine große Rolle.

Ausgerechnet auf ihrem Höhepunkt wurden die Festlandkelten zwischen zwei Mächten, den Römern und Germanen, zerrieben und ausgelöscht. Trotz ihrer Wanderungen blieb Gallien immer die eigentliche Heimat des Kerns der Kelten. Mit diesen Galliern führte Caesar einen siebenjährigen Krieg (58 - 51 v. Chr.), in dessen Verlauf er die inneren Differenzen und Konflikte der Gallier bewusst nutzte und schürte. Er durchquerte und umrundete fast ganz Gallien, überquerte den Rhein, drängte die dort ansässigen Germanenverbände zurück und setzte nach Südbritannien über. Er schlug zahlreiche Schlachten und blieb dabei fast immer siegreich. Aus dieser Situation heraus schlossen sich erstmals die Keltenvölker Galliens zusammen und ernannten den dreißigjährigen Arvernerfürst Vercingetorix zum Anführer ihres Widerstandes. Durch seine Politik der verbrannten Erde, bei der er alle Vorräte niederbrennen ließ, geriet Caesar erstmals in eine Notlage. Die Gallier waren auf diese Weise lange Zeit siegreich, jedoch nach einer unerwarteten Schlappe für Vercingetorix durch ein überraschend von Caesar gewonnenes Reiterscharmützel kam es schließlich zur Wende. Bei der Entscheidungsschlacht um Alesia 51 v. Chr. musste der Gallierführer schließlich kapitulieren und besiegelte damit das Schicksal ganz Galliens. Das Land verlor seine Unabhängigkeit und wurde von römischen Truppen besetzt. Vercingetorix wurde unmittelbar nach der Niederlage von Alesia nach Rom gebracht, wo er sechs Jahre lang im Kerker gefangen gehalten und nach Caesars Triumphzug 46 v. Chr. erdrosselt wurde. Unter Kaiser Augustus wurde Gallien 27. v. Chr. schließlich in drei Provinzen geteilt.

Das Ende der politischen Unabhängigkeit Galliens bedeutete aber keineswegs das unmittelbare Ende aller keltischen Institutionen, Gebräuche und Traditionen. Die gallischen Städte erhielten jedoch immer mehr römisches Gepräge. Es bildete sich eine gallo-römische Mischkultur, in der eine hoch entwickelte Wirtschaft blühte. Allmählich verblasste die keltische Sprache und Kultur aber immer mehr. Das Lateinische wurde offizielle Amts- und Schriftsprache. Die römische Religion wurde offizielle Staatsreligion, keltische Gottheiten wurden aber weiter toleriert. Lediglich die Druiden, die zu einer antirömischen Opposition zu werden drohten, wurden verboten.

Auch ein Teil der keltischen Siedlungszone rechts des Rheins fiel kurz vor der Zeitenwende in die Hände Roms. Im Jahr 15. v. Chr. eroberten die Stiefsöhne des Kaisers Augustus (31 v. – 14 n. Chr.), Tiberius und Drusus, fast den ganzen Alpen- und Voralpenraum bis hinauf zur Donau und unterwarfen 45 Alpenstämme. Sie gründeten die römische Provinz Rätien, die an das schon länger von Rom annektierte Königreich Noricum angrenzte. Ein Prozess der Romanisierung setzte ein und der Kernraum blühte ähnlich wie Gallien auf.

Im heutigen Gebiet von Kärnten und Slowenien entstand ein Bündnis zahlreicher Stämme und Völker, die in einem Abhängigkeitsverhältnis zueinander und unter der Herrschaft eines norischen Königs standen. Der genaue Zeitpunkt der Entstehung des Regnum Noricum ist unklar, seine Größe hat sich allerdings mehrfach verändert, es reichte später nach Osten bis zur Mur und Norden über den Alpenhauptkamm bis ins Salzburgische und zuletzt bis zur Porta Hungarica. Die Politik der norischen Könige war auf Dauer gesehen sehr klug. Klientelverträge mit dem römischen Imperium ersparten dem Land die Eroberung und verhinderten die Stationierung römischer Legionäre. Erst Mitte des 1. nachchristlichen Jh. ließ Kaiser Claudius einige Verwaltungsveränderungen durchführen, wodurch das Regnum Noricum zur eigenständigen Provinz wurde.

Um die Jahrhundertmitte v. Chr. wurden zwischen Rhein, Main und Donau keltische Siedlungszentren von ihren Bewohnern aufgegeben, und es entstand ein dünn besiedeltes Niemandsland. Aus historischen und archäologischen Quellen ist bekannt, dass seit dem späten

2. Jh. v. Chr. immer wieder germanische Gruppen aus Norddeutschland nach Süden in die keltische Kulturzone vorstießen und die Kelten aus ihren Gebieten verdrängten. Um 113 v. Chr. wehrten die Boier den Ansturm der germanischen Kimbern ab. Im östlichen Donauraum hatten die Daker unter ihrem König Burebista schon vor der Jahrhundertmitte um 60 v. Chr. die Skordisker und andere keltische Völkerschaften unterworfen und ihrer Kultur ein Ende bereitet. Auch die Siedlungsgebiete der keltischen Boier im heutigen Tschechien wurden um 25. v. Chr. von nach Süden vorrückenden Germanen unter Marbod erobert. Ein Großteil der Boier verließ damals dieses Gebiet, wandte sich Noricum, dann Helvetien, der heutigen Schweiz, zu, bis ihnen schließlich Caesar Sitze im Gebiet der Haeduer im heutigen Frankreich anwies.

Damit waren die Kelten um die Zeitenwende auf dem ganzen Festland als unabhängige politische und kulturelle Kraft vollständig verschwunden. Zerrieben zwischen den Vorstößen der beiden Mächte, die von Süden und Norden ins Zentrum des Kontinentes drängten. Unabhängige und freie keltische Völker existierten von da an nur noch in Irland und in Britannien.

GÖTTERGLAUBEN DER KELTEN

Veronika Holzer

Das Bedürfnis nach Religion gab es zu allen Zeiten und in jeder menschlichen Kultur. Religion war schon immer ein Mittel, Antworten auf drängende Fragen, die das Leben und vor allem den Tod betreffen, zu bekommen. Der Mensch hat aus Angst vor dem Tod und seiner Machtlosigkeit das Jenseits und die Götter in seiner Vorstellungswelt gestaltet. Zu seiner Kontaktaufnahme mit den transzendentalen Mächten im Rahmen der Götterverehrung hat er heilige Orte geschaffen, heilige Handlungen definiert und heilige Zeiten festgelegt - es entsteht ein Kult.

Es gibt eine Fülle von Zeugnissen über die Religion der Kelten. Besondere Bedeutung kommt auch hier den klassischen Autoren zu, die die keltischen Opferzeremonien und Glaubensinhalte zu interpretieren und die Priesterschicht der Druiden zu enträtseln versucht haben. Ikonographische Hinterlassenschaften wie Plastiken und Weiheinschriften aus römischer Zeit, die Sagen der Iren und vor allem auch die Archäologie, ergänzen das Bild der keltischen Religion. Die Kelten waren ein besonders abergläubisches Volk, das Übernatürliche durchdrang jeden Aspekt ihres Lebens. Ihre Geister wohnten überall in Bäumen, in geheimnisumwitterten Felsen, Flüssen und Sümpfen und ihre Götter beherrschten die Welt der Natur und auch den Menschen.

Die Kelten kannten eine Vielfalt von Gottheiten. Insgesamt sind über vierhundert Namen überliefert, von denen jedoch drei Viertel nur einmal erwähnt werden, so dass es sich bei diesen um regional verehrte Gottheiten zu handeln scheint. Die gallischen Götter sind in ihren Funktionen mit den römisch–mediteranen nicht oder kaum deckungsgleich. Trotzdem wurden sie des Öfteren durch die „interpretatio romana“ mit römischen Namen versehen. Durch diese Gleichsetzungsversuche blieb in der Regel eine der vielen Funktionen jener Gottheit unbeachtet. Die Gleichsetzungen erfolgten häufig auch nicht eindeutig und sind auf verwirrende wechselseitige Einflüsse zurückzuführen.

Die Götterwelt der Kelten war nicht wie bei den Griechen und Römern in einem Pantheon angeordnet, sondern ist eher als Stammesorganisation zu verstehen. Es gab offenbar keinen Obergott wie Zeus, Jupiter oder Mitra-Varuna, sondern an der Spitze standen der Stammesgott und seine Gefährtin, die Erdmutter. Ihnen übergeordnet war eine Art Mutter der Götter, von der die Stammesgötter abstammen.

Jede keltische Gottheit war für eine oder mehrere Funktionen zuständig. So waren die Stammesgöttinnen alle eine Art Göttin der Fruchtbarkeit und des Überflusses. Weibliche Göttinnen waren auch die Herrscherinnen der Tiere und Jägerinnen, sie hatten heilende Kräfte und waren rachsüchtig. Der Vatergott war Toten- und Todesgott. Nach den vielen weiteren Funktionen gab es schließlich auch Himmels- und Gestirngottheiten, „intellektuelle“ und Handwerksgottheiten, Heilgottheiten, Kriegs- und Rechtsgottheiten, Jugendgott, „Liebesgottheiten“, Meeresgott, und zahlreiche Lokalgottheiten. Zu den Gottheiten als Tiere und auch der Tiere zählten: die behornte Gottheit, Bärengottheiten, Pferdegottheiten, Schweinegottheiten, Hunde- und Wolfsgottheit, Vogelgottheiten, die göttliche Schlange, einen Lachsgott, Dämonen und Ungeheuer. Da sich Götter auch nach Belieben in Tiere verwandeln konnten, begegnete man den Tieren stets mit Achtung. Einigen Tieren wurden auch magische Kräfte zugeschrieben. Als wichtigstes Tier galt der Eber, ein Symbol der Kraft und Unbesiegbarkeit. Kultische Bedeutung hatte auch der Hund. Jagdhunde waren weit verbreitet, die keltische Waldgöttin wurde von einem Hund begleitet. Weitere Tiere mit magischen Kräften sind der Hirsch, Pferd, Stier und Widder. Vögel, darunter besonders der Schwan, spielten ebenso eine große Rolle und wurden häufig abgebildet.

Als pankeltische Hauptgottheiten gelten vor allem diese drei

Abb. 1: Silberkessel von Gundestrup mit zahlreichen Darstellungen, vermutlich auch von Gottheiten (Foto NÖLM)

Götter: Taranis, Teutates und Esus, die die drei Funktionen a) Oberhoheit, b) Krieg und c) Produktion, Reichtum und Jenseits vertraten. Der Blitz- und Donnergott Taranis ist der Herrscher des Himmels und oberster Gott und wird oft mit Dis Pater, Mars und Jupiter gleichgesetzt. Der Stammesgott Teutates ist für kriegerische und friedliche Aktivitäten zuständig und wird mit Mars und Merkur gleichgesetzt. Esus ist der Gott des Reichtums, des Krieges und des Jenseits. Oft ist auf Darstellungen eine Vermischung oder auch Verwechslung ihrer Funktionen und somit der Götter selbst festzustellen. So wird Teutates mit Lug, der als möglicher Fruchtbarkeitsgott im August gefeiert wurde, und Esus mit dem sehr alt verehrten geweihtragenden Hirschgott Cernunnos in enge Verbindung gebracht. Cernunnos wird als Jagdgott oder wegen der alljährlichen Erneuerung des Geweihs als Jahreszeitengott interpretiert und ist verantwortlich für die Erneuerung der Erde und damit für Fruchtbarkeit und Reichtum. Auch wird er als Herr der Tiere angesehen - die ungezähmte und wilde Natur des Hirsches beugt sich nur der Außerordentlichkeit des Helden und des Sakralherrschers. Die Opferung eines Hirsches wurde als Garantie für ein neues Leben angesehen, denn der Hirsch war das Tier, das die Toten vor der Auslöschung bewahrt und ihnen den Eintritt ins Paradies sichert. Er wird des Öfteren auch mit Dis Pater, dem römischen Gott der Unterwelt, gleichgesetzt.

Die Pferdegöttin Epona ist als weitere pankeltische Götter anzusprechen. Sie, deren Kult in Ostfrankreich beheimatet war, hatte große Popularität und wird in der Regel im Damensattel reitend dargestellt und kann von einem Vogel, einem Hund oder einem Fohlen begleitet werden.

Die Zahl der männlichen Götter zu den weiblichen hielt sich ungefähr die Waage, auch wenn die männlichen leicht überwogen. Aus dem zahlenmäßigen Unterschied lässt sich jedoch nicht auf ein Dominieren der Götter über die Göttinnen in der Religiosität der Bevölkerung schließen. All diese Gottheiten fügten sich zu einer Götterwelt zusammen, die ähnlich der menschlichen Gesellschaft hierarchisch strukturiert und von Machtkämpfen, Intrigen und Kriegen geprägt war. Ein Kelte hielt sich nach Möglichkeit von den unberechenbaren Göttern fern. Sollte er ihnen dennoch begegnen, musste er sie in angemessener Weise versöh-nen, um Unheil abzuwehren. Den Willen der Götter ergründeten sie durch Auslegungen von Opfervorgängen, Beobachtungen der Vogelflüge oder auch durch Offenbarungen ihrer Träume.

Das religiöse Empfinden war stark vom Prinzip der Gegenseitigkeit geprägt. In der Antike trat der Mensch dem Gott so gegenüber, als ob er ein Menschenwesen mit übermenschlichen Eigenschaften wäre. Der Austausch von Gaben und Gegengaben ist die grundlegende Art des Kommunizierens zwischen Menschen und Göttern. Dieser Austausch kann in Form eines reinen Besitzwechsels von Mensch zu Gott, aber auch eines Funktionswechsels vom profanen zum sakralen Bereich vor sich gehen. Besonders grausam erscheint uns heute die Überzeugung, dass die

Gefährdung eines Menschenlebens durch Krankheit oder andere Bedrohungen im Zorn der Götter begründet und nur durch die Opferung eines anderen Menschenlebens zu besänftigen sei. Bei diesen Menschenopfern wurden Verbrecher bevorzugt, doch auch Unschuldige fanden den Tod. Für ein kriegerisches Volk wie die Kelten waren Siegesrituale von großer Bedeutung - ein Sieg musste mit Kriegsbeute bezahlt werden. Dazu kommt das Gelübde (Votum), das der Gottheit eine Gabe in Aussicht stellt, wenn der erhoffte Sieg oder die Rettung erfolgt sein wird. Ein Votum kann aber neben einer Gabe auch das Versprechen sein, ein Heiligtum zu errichten.

Die Aufgabe der Vollziehung solcher Opfers übernahmen die Druiden, deren Name wahrscheinlich als Eichenkundiger zu interpretieren ist, mit ihrer Institutionalisierung als Priesterschaft von den Fürsten der Hallstattkultur. Sie wurden zu religiösen Würdenträgern, denen ein Oberdruide vorstand und zählten als Gelehrtenelite, die wegen ihrer Weisheit und ihrer besonderen Rolle als Vermittler zwischen Stamm und Göttern hoch geachtet wurde, zur keltischen Oberschicht. Sie waren für die Leitung der kultischen Riten und Opferhandlungen, für die Auslegung religiöser Vorschriften und auch für eine Reihe von politischen und weltlichen Funktionen wie Recht, Gesetzesgebung, Ethik, Mathematik, Erziehung und Zukunftsdeutung verantwortlich.

Die Ausbildung zum Druiden dauerte bis zu zwanzig Jahre, da sie alle Lehren auswendig lernen mussten. Das Verbot, die Regeln niederzuschreiben, verhinderte ihre Institutionalisierung, wie es in den meisten anderen antiken Religionen der Fall war. Cäsar schrieb in seinen Commentarii de Bello Gallico über die Druiden folgendes:

Abb. 2: Kessel von Gundestrup, vermutlich Götterdarstellung

Die Druiden gestalten den Kult, besorgen die öffentlichen und privaten Opfer, legen die religiösen Vorschriften aus. Bei ihnen sucht eine große Zahl junger Männer ihre Ausbildung, und sie stehen bei den Galliern in hohem Ansehen. Sie nämlich entscheiden fast allen öffentlichen und privaten Streit, und auch wenn ein Verbrechen begangen ist, ein Mord geschehen, wenn über eine Erbschaft oder eine Grenze Streit herrscht, fällen sie das Urteil und setzen Belohnungen und Strafen fest. Fügt sich ein einzelner oder ein Stamm ihrem Spruch nicht, so schließen sie ihn von den Opfern aus. Diese Strafe ist für Gallier die schlimmste, denn wer mit diesem Bann belegt ist, gilt als Frevler und Verbrecher, alle gehen ihm aus dem Weg und fliehen Begegnung und Gespräch, um sich durch die Berührung kein Unheil zuzuziehen. Sie können weder ihr Recht noch irgendeine Ehre erlangen. An der Spitze aller Druiden steht der, der unter ihnen das höchste Ansehen genießt. Stirbt dieser, so folgt ihm der Druide nach, der sich deutlich vor den übrigen auszeichnet, oder die Druiden stimmen bei mehreren gleich Würdigen über sie ab; manchmal kämpfen sie sogar mit Waffen um das höchste Amt. .....Die Druiden nehmen gewöhnlich nicht am Krieg teil, zahlen auch keine Steuern wie alle anderen, sind frei vom Kriegsdienst und allen Lasten. Von solchen Vorteilen verlockt, aber auch aus innerem Antrieb, besuchen viele ihre Schulen oder werden

Abb. 3: Kessel von Gundestrup, Darstellung des Gottes Cernunnos

von Eltern und Verwandten hingeschickt. Dort lernen sie, wie es heißt, eine große Menge von Versen auswendig. Daher bleiben manche zwanzig Jahre lang in ihrer Schule. Es ist nämlich streng verboten, ihre Lehre aufzuschreiben, während sie in fast allen übrigen Dingen, im öffentlichen und privaten Verkehr, die griechische Schrift verwenden. Dies scheinen sie mir aus zwei Gründen so zu halten: Sie wollen ihre Lehre nicht in der Masse verbreitet sehen und zudem verhindern, dass die Zöglinge im Vertrauen auf die Schrift ihr Gedächtnis zu wenig üben. (G. J. Caesar, Commentarii de Bello Gallico VI, 13 ff.)

In der Geschichtsschreibung tauchen die Druiden das erste Mal gegen Ende des 3. Jhs. v. Chr. in der griechischen Literatur in zwei Abhandlungen auf. Die eine trägt den Titel „Über die Magie“ und wird fälschlicherweise Aristoteles zugeschrieben, die andere, „Das Erbe der Philosophen“, ist ein Werk von Sotion aus Alexandria und einer der ersten Versuche einer Geschichte der Philosophie.

Zu dieser Zeit entdeckten die hellenistischen Intellektuellen dank der Entwicklung der Bibliotheken von Alexandria, Pergamon, Antiochia usw. die Welt und lösten sich von der athenischen Sicht auf der Suche nach der Existenz anderer, möglicherweise älterer philosophischer Lehren. Genau auf diese Überlegungen bezieht sich Diogenes Laertion., wenn er die zwei genannten Abhandlungen zitiert:

„Einige behaupten, dass das Studium der Philosophie seinen Anfang bei den Barbaren genommen habe. Die Magier praktizierten sie bei den Persern, Chaldäern, Babyloniern oder Syrern, die Gymnosophisten bei den Einwohnern Indiens, ebenso wie bei den Kelten und Galliern diejenigen, die man Druiden und Semnotheoi nennt“. (Diogenes Laertion, 3. Jh. n. Chr., Leben und Lehren berühmter Philosophen I, 1)

In mindestens einer dieser beiden oben zitierten Abhandlungen werden neben den Druiden ebenfalls die *Semnotheoi* genannt. Dieser Begriff scheint eine griechische Übersetzung der Bezeichnung „Druiden“ als *die ehrwürdigen Männer göttlicher Abstammung* zu sein. Dies zeigt, dass die Druiden zu diesem Zeitpunkt schon einen so festen Platz in der Gesellschaft eingenommen haben, dass sie höchstwahrscheinlich schon wesentlich früher, mindestens seit dem 4. Jh., wahrscheinlich aber schon seit dem 6. / 5. Jh. v. Chr. existiert haben. Die anfänglich von den Fürsten durchgeführten religiösen Handlungen wurden ab dem 5. Jh., nachdem die Fürstendynastien von einer breiteren Aristokratie unterschiedlicher Abstammung abgelöst wurden, von einem Teil der Erben der fürstlichen Linie fortgeführt, die somit die Bezeichnung Semnotheoi verdienten.

Bei Diogenes Laertion heißt es über die Druiden weiter, dass sie drei Lebensregeln verkündeten: die Götter zu ehren, nichts Schlechtes zu tun und sich in Tapferkeit zu üben. Diese Regeln sind der Beginn der Grundlagen einer Ethiklehre und eines Philosophen im aristotelischen Sinne. Ähnlich den Lehren des Pythagoras (580 – 497 v. Chr.) glaubten die Kelten, dass die Seele nicht sterblich sei, sondern nach dem Tod von einem Körper in einen anderen übergehe.

Bei ihnen herrscht nämlich die Lehre des Pythagoras, dass die Seelen der Menschen unsterblich seien und nach dem Ablauf einer bestimmten Zahl von Jahren wieder leben würden, indem die Seele in einen neuen Leib übergeht. Deshalb werfen auch bei den Begräbnissen der Verstorbenen einige an ihre Verwandten gerichtete Briefe in den Scheiterhaufen, als ob die Toten die Briefe lesen würden. (Diodor 5, 28. 6)

Ihre Hauptlehre ist, die Seele sei nicht sterblich, sondern gehe von einem Körper nach dem Tod in einen anderen über, und sie meinen, diese Lehre sporne besonders zur Tapferkeit an, da man die Todesfurcht verliere. (C. J. Cäsar, Commentarii de Bello Gallico VI, 13 ff.)

Ob es sich dabei um eine Art Reinkarnation handelte oder eher um ein Weiterleben der Seele im Jenseits, bleibt ungewiss. Vermutlich waren die beiden Welten – das Diesseits und Jenseits – keine deutlich voneinander abgetrennten Bereiche der Lebenden und Toten, was durch das keltische Neujahr zu Samhain am 1. November (heutiges Halloween) deutlich wird.

Es gab aber noch andere Übereinstimmungen zwischen den Pythagoreern und den Druiden: das Alter und der geheime Charakter der Lehre (auch Pythagoras hat selbst nichts Schriftliches hinterlassen), das Tragen von weißen Gewändern, das Leben in der Kommune, ihr Interesse an Astronomie und Zahlen und vieles mehr.

KELTISCHE HEILIGTÜMER

Veronika Holzer

Die Kelten führten ein intensives religiöses Leben und hielten viel von rituellen Handlungen und Magie, was eine stattliche Anzahl heiliger Stätten, wo Götter und Menschen in Verbindung treten konnten, erforderte. Dazu zählen unter anderem Heilige Haine, bizarr geformte Felsen, knorrige alte Bäumen, Flüsse, Quellen und Sümpfe – die Götter waren überall gegenwärtig.

Etwas Eigentümliches und Merkwürdiges bei den weiter nördlich wohnenden Kelten ist ein Brauch in den Heiligtümern der Götter: In den Tempeln und den in ihrem Land eingerichteten heiligen Bezirken wird vieles den Göttern geweihtes Gold ausgestreut, und keiner von den Einheimischen rührt es an aus Furcht vor den Göttern, obwohl die Kelten außerordentlich habsüchtig sind. (Diodor 5, 27. 4)

Im Mittelpunkt der keltischen Religion stehen aber neben dem Opferwesen selbst und den oben genannten heiligen Plätzen vor allem die eigens dafür errichteten Heiligtümer, deren keltischer Begriff "nemeton" überliefert ist. Bei solchen Heiligtümern handelt es sich um einen Opferplatz, an dem Menschen die Anwesenheit des Göttlichen zu erkennen glaubten und versuchten, auf die Gottheiten durch Magie und Vertrauen in Amulette und Opfer einzuwirken, die existentielle Not zu überwinden, das Bedürfnis nach Gesundheit, Fruchtbarkeit, Glück und Erfolg in allen Lebensbereichen bis hin zum Krieg zu befriedigen. Ebenso glaubte der Kelte, schwere Vergehen durch Opfer sühnen zu können. Höhepunkt eines religiösen Festes bei den Kelten war das öffentliche Opfer, an dem die ganze Region teil-nehmen konnte. Solche kollektiven Opfer stärkten das Gemeinschaftsgefühl der Kelten untereinander und spielten daher eine wichtige soziale Rolle. Der Sinn der dargebrachten Opfer war, die Götter gnädig zu stimmen. Der Transfer der Opfergabe zur Gottheit war aber erst durch den die meisten keltischen Kulthandlungen prägenden Brauch, die Opfergaben zu zerstören, möglich. Gleichzeitig entzog man die Opfergaben durch ihre Zerstörung einem künftigen Gebrauch durch den Menschen und somit der menschlichen Sphäre.

Neben dem Verbrennen oder im Wasser versenken kommt dieser Brauch besonders eindrucksvoll im Beschädigen, Verbiegen, Zertrümmern und Zerhacken der Waffen unter dem Gesichtspunkt des als Ideal verherrlichten Kriegers zum Ausdruck. Trophäen werden vor ihrer Deponierung im Graben öffentlich über Jahre oder auch Jahrzehnte zur Schau gestellt. Der Raub der den Göttern geweihten und geopferten Gaben aus dem Heiligtum galt als besonders ruchlos und wurde unter die höchste Strafe gestellt.

Das Spektrum der sachlichen Opfergaben war sehr breit. Neben Waffen, Pferdegeschirren und Wagen, Geräten aus Haus und Hof, Metallgeschirr zum Kochen sowie Schmuck, gab es auch nicht mehr erhaltene, aber schriftlich überlieferte Speiseopfer wie Käse und Brot. Auch Textilien sollen geopfert worden sein. Sachopfer stellten existentiell wichtige, mit Symbolwert behaftete Objekte dar. In späterer Zeit, durch die Etablierung der Geldwirtschaft, ersetzten vor allem Münzopfer Sachgüter unterschiedlichster Art. Wenn der materielle Wert nicht allzu groß ist, entscheidet letztendlich der ideelle Wert. Caesar:

Wenn sich die Gallier dazu entschlossen haben, eine Schlacht zu eröffnen, so weihten sie die Kriegsbeute zumeist dem Mars, ihrem Kriegsgott. Die Sieger opfern dann die erbeuteten Tiere und den Rest tragen sie an einer Stelle zusammen. Bei vielen Stämmen kann man ganze Haufen von solchen Beutestücken an geweihten Orten sehen. Nur selten hat jemand den religiösen Brauch nicht geachtet und es gewagt, Erbeutetes zu verbergen oder von den Beutehaufen etwas zu entfernen. Die schwerste, mit Folterungen verbundene Todesstrafe steht auf solchem Verbrechen.

Der Krieg spielte in der antiken Welt eine beherrschende Rolle, die dafür benötigten Waffen hatten aber eine weit größere Bedeutung, als nur Kriegsgerät zu sein – sie entschieden über Leben und Tod. Beutewaffen waren ein sichtbarer Beweis für den Sieg über den Gegner und mehrten den Ruhm und das Ansehen eines Mannes, während der Verlust einer Waffe den Untergang ankündigte. Waffen waren demnach starke Symbole, die Botschaften übermittelten. Waffen sind bleibende Wahrzeichen für die Gunst der Götter im siegreichen Kampf, zum Dank erhalten die Götter einen Teil der Beute.

Im blutigen Opfer wurden sowohl Tiere als auch Menschen getötet. In der antiken Welt waren Menschenopfer gang und gebe, auch die Römer vollzogen Menschenopfer bis in die Jahrzehnte von 200 v. Chr. Erst später wird in den Quellen über dieses für uns heute grauenhafte Ritual als andersartig und abartig berichtet. Die auf uns sehr befremdlich wirkenden blutigen Opfer, besonders die Menschenopfer, wurden von den Griechen und Römern immer wieder angeprangert.

Entsprechend ihrer Wildheit freveln sie auf abgeschmackte Weise auch bei ihren Opfern: die Übeltäter halten sie fünf Jahre lang gefangen und pfählen sie dann zu Ehren der Götter, verbrennen sie zusammen mit vielen anderen Opfergaben und errichten riesige Scheiterhaufen. Sie verwenden auch die Kriegsgefangenen als Opfergaben zu Ehren der Götter. Einige von ihnen töten auch die im Kriege erbeuteten Tiere zusammen mit den Menschen oder verbrennen sie oder bringen sie sonst auf qualvolle Weise um. (Diodor 5, 32. 6)

Das ganze Volk der Gallier ist erfüllt von abergläubischer Scheu, und deshalb bringen Leute, die von schwerer Krankheit befallen sind oder sich im Krieg und Gefahr befinden, entweder Menschen als Opfer dar oder geloben es und lassen die Druiden diese Opfer vollziehen, weil sie meinen, die unsterblichen Götter können nur besänftigt werden, wenn man für das Leben eines Menschen wiederum ein Menschenleben darbringe; auch im Namen des Stammes finden solche Opfer regelmäßig statt. Andere haben Standbilder von ungeheurer Größe, deren aus Ruten geflochtene Glieder sie mit lebenden Menschen anfüllen; dann zündet man unten an, die Menschen werden von den Flammen eingeschlossen und kommen darin um. Sie glauben, die Opferung ertappter Diebe, Räuber oder sonstiger Verbrecher sei den unsterblichen Göttern willkommener. Fehlt es jedoch an solchen Menschen, schreitet man auch zur Opferung Unschuldiger. (Cäsar, Commentarii de Bello Gallico VI, 13 ff.)

Abb. 1: Erste Dokumentationsfläche des keltischen Heiligtums am Sandberg nach Abschiebung der Humusschicht (Foto NHM Wien, ARGIS)

Unter den Menschenopfern findet man vorwiegend Verbrecher, die bei Diebstahl, Raub oder sonst einem Vergehen ertappt wurden. Fehlte es jedoch an solchen Leuten, opferte man auch Unschuldige. Berüchtigt wurden die Kelten als Kopfjäger aufgrund ihres Schädelkults. Durch den abgeschlagenen Kopf hat der siegreiche Krieger einen überzeugenden Beweis für den Tod seines Feindes und die Identifikation des Toten ist gewährleistet. Der Kopf ist Symbol der Persönlichkeit des Toten. Der

Abb. 2: Sandberg- Nordseite des Grabens (Foto NHM Wien, ARGIS)

abgeschlagene Kopf wird zur Trophäe.

Nachdem man das Opfer und das Festmahl unter dem Baum feierlich vorbereitet hat, führen sie zwei Stiere von weißer Farbe herbei, deren Hörner dann zum ersten Mal bekränzt werden dürfen. Ein Priester in weißem Gewand steigt auf den Baum und schneidet die Mistel mit einer goldenen Sichel ab. In einem weißen Leinentuch wird sie

Abb. 3: Sandberg- Zentrale Opfergrube (Foto NHM Wien, ARGIS)

aufgefangen. Dann schlachten sie alsbald die Opfertiere und beten, der Gott möge seine Gabe denen zum Segen gereichen lassen, denen er sie verliehen habe. (Plinius der Ältere, Naturgeschichte 16, 95ff.)

Das Tieropfer hatte im Kult der Kelten eine zentrale Bedeutung, ähnlich der Tieropfer mit Prozessionen in Begleitung von Kultmusikern bei den Griechen und Römern. Nach Beispielen aus Frankreich (z. B. Gournay-sur-Aronde) bestanden die sicherlich sehr komplexen, wahrscheinlich nur alle paar Jahre stattfindenden Tieropferrituale aus zwei Teilen. Einerseits aus der Opferung eines vollständigen Tieres (Rind oder Pferd) und andererseits aus dem Festmahl.

Für das Großtieropfer wurden alte Rinder ausgewählt, die für den menschlichen Verzehr nicht mehr geeignet waren. Sie wurden mit einem Hieb auf die Stirn oder den Nacken getötet und als symbolische Götternahrung in einer zentralen Grube über mehrere Monate hinweg der Verwesung überlassen. Anschließend wurde der Schädel ohne Unterkiefer abgetrennt und im Eingangsbereich zum Heiligtum (an der Außenseite der Porticus) aufgehängt. Der Rest des Skeletts wurde im Graben deponiert. Parallel dazu fand vermutlich auf dem freien Platz im Zentrum des Heiligtums das Festmahl statt. Es wurden vor allem am Übergang vom Frühjahr zum Sommer vorwiegend Lämmer und Ferkel, aber auch Rinder und Hunde jüngeren Alters verspeist.

Das Heiligtum vom Sandberg

Das Heiligtum vom Sandberg befindet sich am östlichen Rand der seit mehr als hundert Jahren durch Oberflächenfunde, darunter zahlreiche Münzfunde, bekannten keltischen Großsiedlung in Roseldorf/NÖ. Erst im Jahr 1995 wurde die Siedlung durch ein von mir ins Leben gerufenes Projekt mit dem Titel „Fürstensitz-Keltenstadt Sandberg“ begonnen, wissenschaftlich zu erforschen.

Die quadratische Form, die Größe und die Orientierung nach den Himmelsrichtungen zeichneten diese archäologische Struktur von Anfang an als etwas Besonderes aus und ließen ein Heiligtum am Sandberg vermuten. Die bereits durchgeführten archäologischen Grabungen ergaben ein sehr umfangreiches Fundmaterial, das durch sein Spektrum und die Deponierungen im Graben nach vorhergegangener ritueller Zerstörung die Annahme eines Heiligtums bestätigt. Die maximale Ausdehnung der gesamten Anlage beträgt 25 x 25 m (Abb. 1). Der Graben selbst ist an der Oberfläche ca. 3 m breit, das Grabenprofil ist trapezförmig bis dreieckig und durchschnittlich einen bis eineinhalb Meter tief (Abb. 2). In der Innenfläche der Kultanlage, jedoch nicht exakt im Zentrum, ist eine annähernd rechteckige, nur ca. einen halben Meter tiefe Grube mit ebener Sohle eingetieft (Abb. 3). Ihre Fundarmut legt nahe, dass sie als Opfergrube, die nach jeder Opferung sorgfältig ausgeräumt wurde, Verwendung fand.

Zu den häufigsten Funden in der Kultanlage des Sandberges zählen die Metalle, vor allem Waffen(-teile) aus Eisen, die absichtlich zerstückelt, zerstört oder mehrfach verbogen wurden. Zur Kriegerausrüstung zählten vor allem die

Abb. 4: Sandberg- Eisenobjekte mehrere keltischer Streitwagen (Foto NHM Wien, A. Schumacher)

Schwerter. Sie wurden in einer zweiteiligen Schwertscheide an der rechten Hüfte getragen und hingen von eisernen Schwertketten herab. Ebenfalls trug der Krieger Lanzen mit eisernen Spitzen und Schilde. Da letztere aus Holz oder Leder gefertigt waren, sind nur mehr Bruchstücke unterschiedlich geformter Schildbuckel erhalten.

Eisenfunde wie Achsnägel, gabelförmige Doppelösenstifte, einfache Ösenstifte, große starke Nägel, Nabenringe, Felgenklammern, Radbeschläge und andere Objekte, gehörten eindeutig dem keltischen (Streit-)wagen (Abb. 4) an. Der Kampfwagen der Kelten war in der Regel zweirädrig mit einem Wagenlenker und Krieger besetzt. Trensen, Phaleren und Riemenverteiler bilden Elemente des Pferdegeschirrs.

Ergänzend zu den Waffen- und Wagendeponierungen wurden selten auch Schmuckstücke wie Fibeln und Objekte mit Amulettcharakter im Graben gefunden. Ein sternförmiges Amulett (Abb. 5) wurde aus sog. Weißbronze mit einem sehr hohen Zinngehalt und einem, wenn auch geringeren, Bleigehalt gefertigt. Die geborgene Keramik diente wahrscheinlich der Aufnahme von Nahrung und Flüssigkeiten im Zusam-

Abb. 5: Sandberg- sternförmiges Amulett aus Weißbronze (Foto NHM Wien, A. Schumacher)

menhang mit dem Festbankett der Zeremonie.

Am Sandberg zählen die nicht mehr im Verband befindlichen und einzeln im Umfassungsgraben gelagerten menschlichen Skelettreste, darunter vor allem Oberarm- und Oberschenkelknochen, eher zu den seltenen Funden. Ihre Bedeutung ist jedoch sehr groß, da sie die Sitte der menschlichen Opferungen beweisen. Tierknochen hingegen sind sehr zahlreich vertreten und setzen sich aus Rinder-, Pferde-, Schaf- bzw. Ziegenknochen und wenig Schweineknochen zusammen. Auch Hundeknochen und Reste kleinerer Tiere sind vertreten.

Die Entdeckung des Heiligtums in Gournay-sur-Aronde in Frankreich im Jahr 1975 war der Auslöser zur Erforschung keltischer Heiligtümer des 3. und 2. Jahrhunderts v. Chr. Aufgrund seiner vollständigen Ausgrabung galt es bis heute als das beste Beispiel eines keltischen Kriegerheiligtums und machte uns die Hauptcharakteristika sichtbar. Das Heiligtum vom Sandberg (Abb. 6) ist bisher das einzige dieser Art in Österreich und weist Übereinstimmungen vor allem in der Form und Größe der Anlage, in der quadratischen Umfriedung des sakralen Bereiches durch einen Graben, möglicherweise in Verbindung mit einer Palisade, und im Zugang durch ein Tor als „Schwelle" zwischen der profanen Welt und dem heiligen Boden, auf.

Weitere Parallelen finden sich im Fundspektrum und in der Tatsache, dass der Graben sekundär zur Aufnahme von Opfergaben oder Opferabfällen diente. Unterschiede zeigen sich aber in ihrer Nutzungsdauer. Die Kulthandlungen am Sandberg dürften sich auf die späte Frühlatènezeit und Mittellatènezeit beschränkt haben. Eine spätere Wiederaufnahme der Kulthandlungen konnte bis jetzt archäologisch nicht nachgewiesen werden und wird daher ausgeschlossen. Ebenso sind keinerlei Reste oder Spuren einer späteren Überbauung bzw. Überdachung der Anlage oder von Schaupfählen feststellbar, was eventuell mit der Erosion der oberen Schichten zusammenhängt. Indirekt können wir aber aufgrund durchschlagener Nagelreste vor allem in Schwertscheiden und sekundären Durchlochungen auf die Existenz zumindest von Schaupfählen schließen.

Trotz der bedeutenden Forschungsfortschritte im Bezug auf keltische Heiligtümer in den letzten Jahrzehnten blieben dennoch viele Fragen offen. Ein Grund dafür war, dass die Heiligtumsforschung ihren Schwerpunkt vor allem in Frankreich hatte. In Mitteleuropa dagegen wagte man lange Zeit nicht, ähnliche Befunde wie z. B. in Manching als keltische Heiligtümer zu interpretieren. Dieses verzerrte Bild des Forschungsstandes wurde nun mit der Entdeckung des Heiligtums am Sandberg korrigiert. Durch den Beweis seiner Existenz in unserem Raum spielt die Erforschung des Heiligtums am Sandberg eine äußerst bedeutende Rolle in der Zukunft der internationalen Keltenforschung.

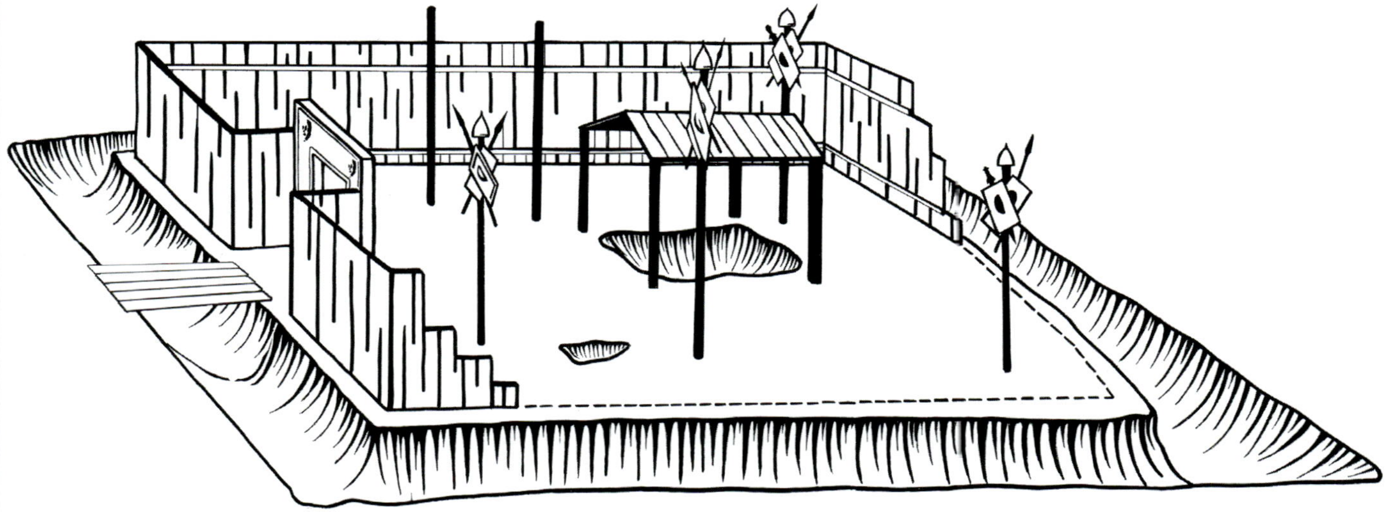

Abb. 6: Sandberg- mögliche Rekonstruktion des keltischen Heiligtums, nach dem Vorbild von Gournay (Foto NHM Wien, V. Holzer)

DIE KELTISCHEN VIERECKSCHANZEN

Walter Irlinger

Die Erforschung der keltischen Siedlungslandschaften zwischen dem 3. und 1. Jh. v. Chr. wurde in Südbayern bislang sehr stark von den beiden keltischen Stadtanlagen (oppida) in Manching und Kelheim bestimmt. Besonders die seit fünf Jahrzehnten andauernden Untersuchungen in Manching bei Ingolstadt führten dazu, dass die Struktur der Stadt mit abgezäunten Gehöften, Handwerksbereichen, kultisch geprägten Zonen und deren Einbindung in die zeitgleiche Siedlungslandschaft gut zu überblicken ist. Neben der Produktion, etwa der Metallverarbeitung oder dem Münzwesen, spielte der Handel eine beträchtliche Rolle.

Erst durch den flächendeckenden Ansatz der bayerischen Bodendenkmalpflege wurde es aber möglich, auch die Besiedlung in den anderen Regionen Südbayerns besser zu verstehen. Es zeigt sich, dass neben den Oppida große (Zentral-) Siedlungen bestanden, die wahrscheinlich als Mittelpunkt einer Region anzusehen sind. Auch hier scheint als wirtschaftliche Grundlage die Produktion und Verarbeitung von Rohstoffen sowie das Münzwesen eine entscheidende Rolle zu spielen. Neben der metallverarbeitenden Siedlung in Berching-Pollanten lässt sich für Egglfing südlich von Regensburg und Steinebach im Landkreis Starnberg ein Schwerpunkt in der Glasproduktion feststellen. Straubing-Azlburg und Passau scheinen ihre Bedeutung der Lage an dem wichtigen Verkehrsweg Donau zu verdanken. Diese großen Mittelpunktssiedlungen sind darüber hinaus in ein Netz kleinerer Siedlungen und Einzelhöfen eingebunden, die wahrscheinlich hauptsächlich der landwirtschaftlichen Produktion dienten und Ernährung sicher stellten, wie jüngst am Umfeld von Straubing gezeigt werden konnte.

Teil dieses sehr differenzierten Bildes der keltischen Siedlungslandschaften sind auch die Viereckschanzen, die neben den Oppida sicherlich zu den bekanntesten Denkmälern aus keltischer Zeit gehören. Aber kaum eine andere Fundgruppe wurde in den letzten hundert Jahren so konträr diskutiert, wie ein kurzer Überblick zu den unterschiedlichen funktionalen Interpretationen zeigt.

Interpretation der Anlagen in der Forschung

Am Anfang der Forschung zu den Viereckschanzen steht eine Beschreibung und Analyse der im Gelände sichtbaren Strukturen. Aufgrund ihrer sehr regelmäßigen Form und der Ähnlichkeit mit römischen Befestigungen, die ebenfalls mit Wall und Graben umgeben waren, wurden sie als römische Lager interpretiert. In der 1830 erschienenen Beschreibung „Der Ober-Donau-Kreis des Königreiches Bayern unter den Römern“ von J. N. v. Raiser werden die Anlagen daher als „römische Castra“ bezeichnet. Auch die Nähe zu römischen Fernstraßen führte dazu, dass die Viereckschanzen als Schutzlager für die wichtigen Verkehrswege angesehen wurden.

Der 1891 veröffentlichte Bericht über eine Gruppe von vier Schanzen an der römischen Fernstraße Augsburg-Salzburg von Rittmeister Fr. Sixt „Römische Verschanzungen östlich Schöngeising, bei Holzhausen und Steinbach“ zeigt, dass die Anlagen als gestaffeltes Verteidigungssystem zum Schutz des Amperüberganges gesehen wurden. Bis heute findet sich in den topographischen Karten neben dem Begriff „Viereckschanze“ auch häufig die Bezeichnung „Römerschanze“.

Erste eindeutige Belege für eine Datierung in keltische Zeit erbrachten die 1896 begonnenen Ausgrabungen und Funde in der Schanze von Gerichtstetten, Neckar-Odenwald-Kreis in Baden-Württemberg, wodurch die Diskussion über die zeitliche Stellung der Anlagen ausgelöst wurde. Diese brach auch in den nächsten Jahrzehnten nicht ab. Noch 1913 führten F. Ohlenschlager und P. Reinecke eine heftige Auseinandersetzung zur Datierung in römische oder vorrömische Zeit.

Auf Paul Reinecke geht auch der Begriff „Viereckschanze“ zurück, den er 1910 in die Forschung einführte. Er verstand darunter befestigte Gutshöfe aus keltischer Zeit. In den dreißiger und sogar noch in den achtziger Jahren des letzten Jahrhunderts gab es Versuche, die Schanzen lediglich als Viehgehege zu sehen.

Die Ergebnisse der zwischen 1957 und 1963 von K. Schwarz durchgeführten Ausgrabungen in Holzhausen beeinflussten die Interpretation nachhaltig. Seine Entdeckung unterschiedlich tiefer Schächte, die nicht als Brunnen dienen konnten, die Beobachtung eines Pfostenbaues in der Westecke der Anlage, der an so genannte gallorömische Umgangstempel erinnerte sowie der Nachweis großer Freiflächen im Innenraum, interpretiert als Versammlungsplatz, führten zur Funktionsbestimmung als Temenos, einem keltischen Kultbezirk. Ähnliche Befunde in der 1958 und 1959 untersuchten Schanze von Tomerdingen im Alb-Donau-Kreis trugen dazu bei, die Ergebnisse als allgemeingültig anzusehen. Unterstützt wurde dieser Ansatz durch die häufig in der Nähe nachgewiesenen Grabhügel der Hallstattzeit, durch die eine mehr als 500-jährige Tradition im Ahnenkult vermutet wurde.

Aufgrund der wesentlich erweiterten Quellenbasis durch großflächig ausgegrabene Viereckschanzen ist es heute möglich, ein differenziertes Bild der Bebauung aufzuzeigen, wodurch sich die Forschung wieder der Funktionsbestimmung des „befestigten Gutshofes“ von Paul Reinecke zuwendet.

Äußere Form bei im Gelände sichtbaren Anlagen

Die Beschreibung der typischen formalen Elemente dieser Denkmälergattung beruht im wesentlichen immer noch auf einer Zusammenstellung der obertägig erhaltenen, bis heute noch mehr oder wenig deutlich sichtbaren Schanzen Bayerns, die K. Schwarz 1959 vorgelegt hat. Die Grundform ist häufig quadratisch bis rechteckig. Daneben

Abb. 1: Rekonstruktion einer spätkeltischen Viereckschanze und des Siedlungsumfeldes (nach Wieland 1999)

existieren in deutlich geringerer Zahl Viereckschanzen mit unregelmäßigen oder trapezoiden Grundrissen, oder solche mit fünf Ecken. Hieraus resultiert, dass die Seitenlängen bei einer Schanze teilweise beträchtlich voneinander abweichen können. Auch rechte Winkel in allen Ecken einer Anlage sind selten. Sehr häufig findet sich eine exakt mit 90° ausgeführte Ecke. Es deutet sich an, dass von dieser Stelle aus die Gesamtanlage ausgesteckt wurde.

Der Innenraum ist jeweils von einer einfachen Wall-Graben-Kombination umgeben (Abb. 1). Im Bereich des Tores wird der Graben mit einer Brücke überfahren, die in ein Torhaus mündet. Dieser Eingang befindet sich meist im Osten, seltener im Süden oder Westen, während die Nordrichtung an keiner Schanze nachgewiesen wurde. Beträchtliche Unterschiede ergeben sich für die Größe der Viereckschanzen. Meist bewegen sich die Grundflächen zwischen 0,4 und 1,2 ha.

Ein typisches Beispiel für eine „einfache“ Schanze liegt bei Sallach (Abb. 2,1; 3,1). Sie weist eine Orientierung an den Haupthimmelsrichtungen auf. Die Grundform ist annähernd quadratisch mit Seitenlängen von 82 m im Osten und Westen, 87 m im Norden und 90 m im Süden.

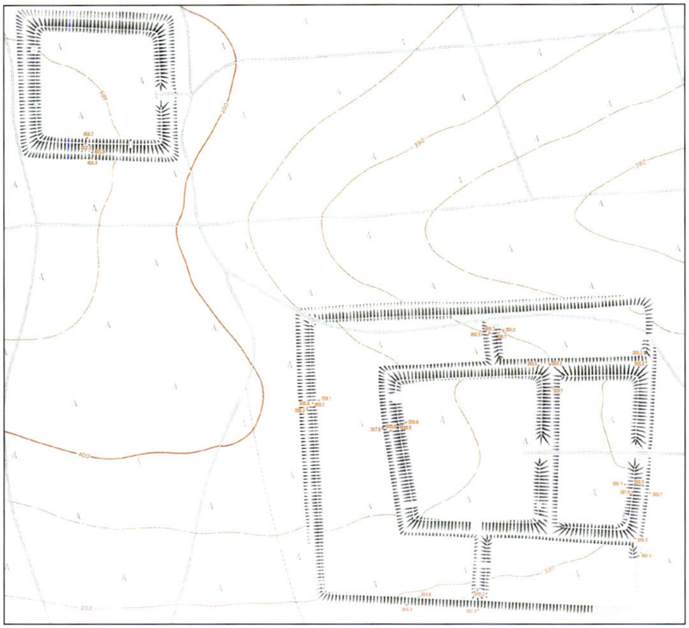

Abb. 2: Topographischer Vermessungsplan der Viereckschanzen bei Sallach (nach Pätzold 1983) 1. Einfache Schanze 2. Mehrfachschanze.

Noch heute weist sie im Gelände beträchtliche Höhen auf. Von der Wallkrone bis zur Grabensohle werden an der Außenseite bis zu 4 m erreicht. Der vorgelagerte Graben ist heute noch bis zu 1,7 m tief. Das Tor befindet sich in der Ost-Seite und liegt etwa 6 m aus der Mitte nach Süden verschoben.

Daneben gibt es in Bayern und Baden-Württemberg eine ganze Reihe so genannter Mehrfachschanzen, die sich durch ihre Größe oder durch ein gestaffeltes System an Wällen und Gräben von der großen Masse abgrenzen lassen.

Ein sehr kompliziert aufgebautes Beispiel ist nur 150 m von der einfachen Anlage von Sallach entfernt (Abb. 2,2). Beide Anlagen liegen somit in unmittelbarer Nachbarschaft zueinander auf einem bewaldeten Höhenrücken am nördlichen Rand des Tales der Kleinen Laaber. Den Kernbereich des gesamten Wall-Graben-Systems dürfte eine einfache Schanze bilden, die im Zentrum der Gesamtanlage liegt. Die Seitenlängen betragen hier im Süden 90 m, im Westen 102 m, im Osten 107 m und im Norden 104 m. Hieran schließt eine Erweiterung nach Osten an, die den Schanzenraum um 56 m Länge erweitert. Die Länge des östlichen Außenwalles beträgt nun 112 m.

Die Tore des zentralen Bereiches und der Erweiterung liegen etwa in der Mitte der Ost-Seite. Sie bilden eine Sichtlinie, durch die der Bezug beider Teile unterstrichen wird. Beide Teile sind durch einen durchlaufenden Graben, der eine Tiefe von bis zu 2 m besitzt, zusammengefasst. Eine weitere Ausbauphase dürfte ein anschließendes Wall-Grabensystem darstellen, dessen Gräben im Osten gradlinig in die Begrenzung des Zentralbereiches münden. Zwei kurze Nord-Süd verlaufende Querwälle mit vorgelagerten Gräben erzeugen eine weitere Untergliederung des Außenbereiches. Insgesamt ist die Begrenzung des Außenbereiches deutlich schwächer ausgeführt. Ein geringer dimensionierter Annexgraben lässt sich etwa auch in der mehrteiligen Viereckschanze von Mengen-Ennetach in Baden-Württemberg nachweisen.

Mit einer West-Ost Länge von 250 m und 220 m in der Nord-Süd Richtung gehört die Mehrfachanlage zu den größten Viereckschanzen Bayerns. Größere Viereckschanzen sind nur noch bei Deisenhofen im Landkreis München bekannt (Abb. 3,2). Beide Anlagen besitzen einen zentralen, unterschiedlich gestalteten Kernbereich und einen großen zugehörigen Außenbezirk. Die äußeren Walllängen betragen 470 m und 640 m. Mit Grundflächen von etwa 23,5 ha und 29 ha bilden sie die mit Abstand größten Beispiele dieser Denkmälergruppe.

In der südöstlichen mehrteiligen Schanze von Sallach wurden 1967 in einem Windwurf zahlreiche spätlatènezeitliche Scherben aufgesammelt. Die anschließende Probeuntersuchung erbrachte eine etwa 1 m tiefe Grube mit zahlreichen sekundär verbrannten Gefäßscherben.

Seit 2002 werden beide Anlagen im Rahmen eines Graduiertenkollegs der Universität Regensburg untersucht. Die geophysikalische Prospektion zeigt eine relativ dichte Innenbebauung beider Schanzen. 2003 wurde außerdem ein Wall-Graben-Schnitt in der einfachen Anlage angelegt.

Zahl und Verbreitung der Viereckschanzen

Das Verbreitungsbild der spätkeltischen Viereckschanzen wird bis heute sehr stark von der Verteilung der 150 im Gelände sichtbaren Anlagen bestimmt, die 1959 von K. Schwarz veröffentlicht wurden. Mittlerweile hat sich die Zahl der bekannten, obertägig erhaltenen Anlagen auf 165 erhöht. Ergänzt wird das Bild um 110 verebnete, durch Luftbilder entdeckte Anlagen, wodurch sich das Verbreitungsbild grundlegend geändert hat. Insgesamt kann man momentan von 275 Anlagen in Bayern ausgehen (Abb. 3). Gemeinsam mit den Fundstellen in Baden-Württemberg ist damit der räumliche Schwerpunkt umschrieben, der an die 500 Anlagen umfasst.

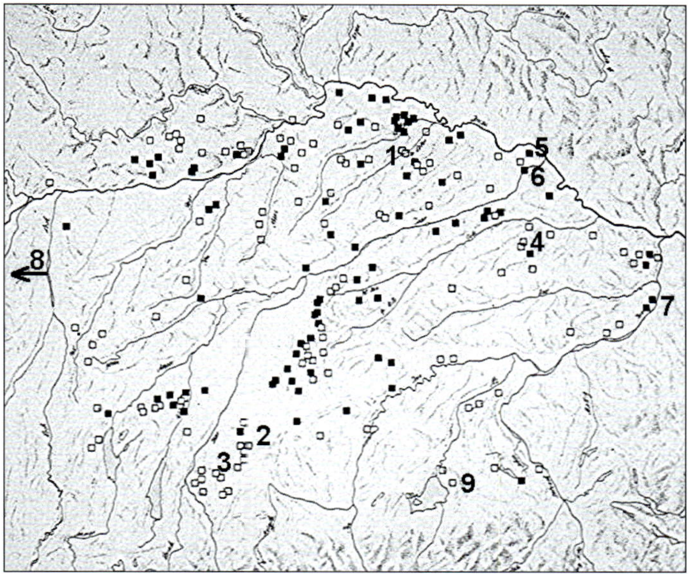

Abb. 3: Verbreitung der spätkeltischen Viereckschanzen in Südbayern. Im Text erwähnte Fundorte: 1. Sallach 2. Deisenhofen 3. Holzhausen 4. Arnstorf-Wiedmais 5. Fehmbach 6. Plattling-Pankofen 7. Pocking-Hartkirchen 8. Pfaffenhofen-Beuren 9. Sondermoning

Im Norden bildet der Main die Grenze, nach Westen scheint der Rhein das Hauptverbreitungsgebiet zu begrenzen. Im Osten wird die Linie Salzach-Inn kaum überschritten. Auffallend ist, dass – trotz einer reichen spätkeltischen Siedlungslandschaft – das unmittelbare Alpenvorland frei von Anlagen bleibt. Auch in Höhenlagen, wie etwa im Schwarzwald oder im gesamten Bereich vom Bayerischen Wald bis zum Fichtelgebirge gibt es keine Hinweise auf diese Anlagen. In der Tschechischen Republik findet sich eine lockere Streuung, die sich allerdings durch die nun intensiv betriebene Luftbildarchäologie langsam verdichtet. Die Dichte von Bayern oder Baden-Württemberg wird allerdings bei weitem nicht erreicht.

Innerhalb der Verbreitung gibt es eindeutige Konzentrationen. In Baden-Württemberg ist dies das gesamte Neckargebiet, wo etwa in den Lössgebieten des mittleren Neckarlandes von 11 Anlagen acht durch Luftbilder entdeckt wurden. Hinzu kommen noch die Ostalb und die Region an der oberen Donau. Ein ähnliches Bild ergibt sich auch für Bayern. Besondere Befunddichten zeichnen etwa das Maindreieck, das Gebiet südlich von München, den Raum um Erding, das Ingolstädter Becken und die gesamte Region zwischen Kelheim, Regensburg und Passau aus. Auffallend ist, dass alle Anlagen auf den ackerbaulich günstigen Löss- und Schotterböden errichtet wurden. Durch die intensive, über Jahrhunderte andauernde landwirtschaftliche Nutzung findet sich in diesen Regionen der überwiegende Teil der Luftbildentdeckungen.

Verhältnis von eng beieinander liegenden Schanzen

Sowohl in Deisenhofen als auch in Sallach begegnet uns ein Phänomen, das sich bei einer größeren Zahl an Fundstellen wiederfinden lässt. Viereckschanzen bilden Gruppen und sind häufig in unmittelbarer Nähe zueinander errichtet worden. Dabei besteht häufig nur eine geringe Entfernung zwischen den einzelnen Anlagen. Besonders auffällig ist dieser Aspekt auch in Holzhausen südlich von München, wo die Entfernung zwischen den Schanzen nur 90 m beträgt (Abb. 3,3). Doch worum handelt es sich dabei?

Bislang kann in der Forschung nur das Phänomen beschrieben werden, da Ausgrabungen in nebeneinander liegenden Schanzen zu den absoluten Ausnahmen gehören. Man könnte als Arbeitshypothese vermuten, dass zwei Viereckschanzen zeitgleich genutzt wurden, oder man geht von einer zeitlichen Tiefe aus. Dies würde bedeuten, dass eine Schanze älter ist. Sie könnte bewusst aufgegeben oder vielleicht durch Feuer zerstört und anschließend in geringer Entfernung wieder aufgebaut worden sein.

Ein differenziertes Bild von zwei benachbarten Schanzen erlauben die Untersuchungen bei Nordheim, Kr. Heilbronn. Dort sind die Anlagen allerdings durch einen Höhenrücken getrennt. Für das Ende der Nutzung ist jeweils eine Feuersbrunst verantwortlich, nach der die Areale nicht mehr aufgesiedelt wurden. Zumindest zeitweise haben die Höfe gleichzeitig bestanden. Der Höhenrücken scheint dabei eine Rolle als „Grenze“ der Wirtschaftseinheiten gespielt zu haben. Die geographische Abgrenzung und räumliche Trennung zeigt aber, dass uns diese Ausgrabungen zum Verständnis eng beieinander liegender Schanzen nur bedingt weiterhelfen.

In Arnstorf-Wiedmais, Lkr. Rottal-Inn befinden sich sogar drei Anlagen in unmittelbarer Nähe zueinander (Abb. 3,4). Ausgrabungen in den Jahren 1984 und 1985 zeigten, dass im Innenraum der obertägig erhaltenen Anlage neben Umgangsbauten auch ein Schacht sowie zwei Brandplätze mit Holzkohleanreicherungen, kalzinierten Knochen und zahlreicher Keramik vorhanden waren. Nur etwa 250 m westlich und 300 m östlich der untersuchten Schanze befinden sich weitere Anlagen. Durch die intensive landwirtschaftliche Nutzung ist zumindest die östliche weitestgehend zerstört, wie eine Ausgrabung 1984 zeigte. Das zeitliche Verhältnis der drei Anlagen lässt sich somit wohl nicht mehr erfassen.

Das Beispiel Wiedmais zeigt auch, dass nur Untersuchungen von gut erhaltenen Schanzen mit eindeutigem räumlichem Bezug uns der Klärung dieser Frage näher bringen werden. Hierfür bieten die erwähnten aktuellen Forschungen in Sallach einen ersten Ansatzpunkt.

Wichtige Ausgrabungsbefunde in Bayern

Die Ausgrabungen in keltischen Viereckschanzen lassen sich in verschiedene Kategorien einteilen. Besonders häufig sind einzelne Schnitte durch die Wall-Graben-Kombination, um den Aufbau und die zeitliche Tiefe der Anlagen zu beschreiben. Anhand dieser kleinräumigen Untersuchungen ist es aber nicht möglich, die Bebauung, wirtschaftliche Grundlage und Besiedlungsgeschichte der einzelnen Plätze zu klären. Großflächige Ausgrabungen des Innenraumes fanden erst in den beiden letzten Jahrzehnten statt, wobei auch hier die Aussagekraft sehr stark von der Größe der Untersuchungsfläche abhängig ist. Untersuchungen von weniger als 50 % der besiedelten Fläche erlauben es nur ausschnitthaft, das Bild der Bebauung darzustellen. So gelang in Fehmbach, Lkr. Deggendorf in einer Kiesabbauzone die Untersuchung des Grabens und eines großen Umgangsbaues im Innenraum (Abb. 3,5). Das Gesamtbild bleibt aber vorerst unbekannt. Wissenschaftlich auswertbare Untersuchungen mit Grabungsflächen von mehr als der Hälfte des Innenraumes bilden in Bayern weiterhin die Ausnahme. Sie erfolgen eigentlich erst seit Mitte der achtziger Jahre des letzten Jahrhunderts durch den flächendeckenden Ansatz der bayerischen Bodendenkmalpflege. Vollständig untersucht sind bislang nur die Schanzen von Plattling-Pankofen (Abb. 3,6) und Pocking-Hartkirchen (Abb. 3,7). Etwa 50%-Untersuchungsflächen weisen die Anlagen von Holzhausen, Arnstorf-Wiedmais und Pfaffenhofen-Beuren, Lkr. Neu-Ulm (Abb. 3,8) auf. Deutlich günstiger sind dagegen die Verhältnisse in Baden-Württemberg, wo etwa 10 Anlagen großflächig ausgegraben wurden.

Holzhausen

Innerhalb der leicht gewellten Jungmoränenlandschaft südlich der Münchner Schotterebene liegen bei Holzhausen zwei Schanzen etwa 90 m voneinander entfernt (Abb. 4). Schanze 1 befindet sich in der Mitte eines flachen Hanges. Die Anlage ist heute in Teilen überbaut, ohne dass Ausgrabungen stattgefunden haben.

In Schanze 2 führte K. Schwarz zwischen 1957 und 1963 umfangreiche Ausgrabungen durch. Die Anlage ist mit Seitenlängen von 87, 97, 92 und 96 m die kleinere der beiden Anlagen. Im Zuge der Untersuchungen wurde die südwestliche Wallseite auf etwa zwei Drittel ihrer Länge untersucht. Großflächige Aufdeckungen erfolg-ten außerdem an der westlichen Ecksituation und im hieran anschließenden Innenraum sowie im Bereich des Tores. Es konnten dabei unterschiedliche Bauphasen dokumentiert werden, die erstmals vertiefende Einblicke in die Geschichte einer Viereckschanze erbrachten.

In den ersten drei Bauphasen besteht die Umhegung aus Pfahlwänden. Erst in der vierten Bauphase erhält die Anlage ihr bis heute charakteristisches Aussehen mit Wall und Graben als äußere Begrenzung. Der Eingang bleibt während der gesamten Nutzung an der selben Stelle in der Mitte der Südostseite, wird aber mehrmals umgebaut. Drei unterschiedlich gestaltete Schächte mit Tiefen von 6,1 m, 18,35 m und 35,3 m sowie ein mehrfach erneuerter Umgangsbau belegen, dass die Anlage verschiedentlich erneuert und umgestaltet wurde.

Ein römisches Gefäß des 1. oder 2. Jhs. n. Chr., das auf der Grabensohle gefunden wurde, deutet eine endgültige Verfüllung erst in der römischen Kaiserzeit an. Ob sich hieraus eine Nutzung der Viereckschanze bis in die römische Kaiserzeit ableiten lässt, bleibt fraglich. Obwohl für Holzhausen ein sehr differenziertes Bild der Baugeschichte vorliegt, ist nicht davon auszugehen, dass alle baulichen Strukturen erfasst wurden, da nur etwa

Abb. 4: Luftbild der beiden Viereckschanzen bei Holzhausen. Bayer. Landesamt f. Denkmalpfl. Luftbildarchäologie (Foto O. Braasch)

50% des Innenraums untersucht wurden. Einige Pfosten an der Nordwestseite könnten durchaus zu einem weiteren Gebäude gehören, das in der Hauptsichtachse der Schanze liegen würde.

Vergleichbare Beobachtungen zu unterschiedlichen Bauphasen der Umwehrung sind auch für Sondermoning, Lkr.

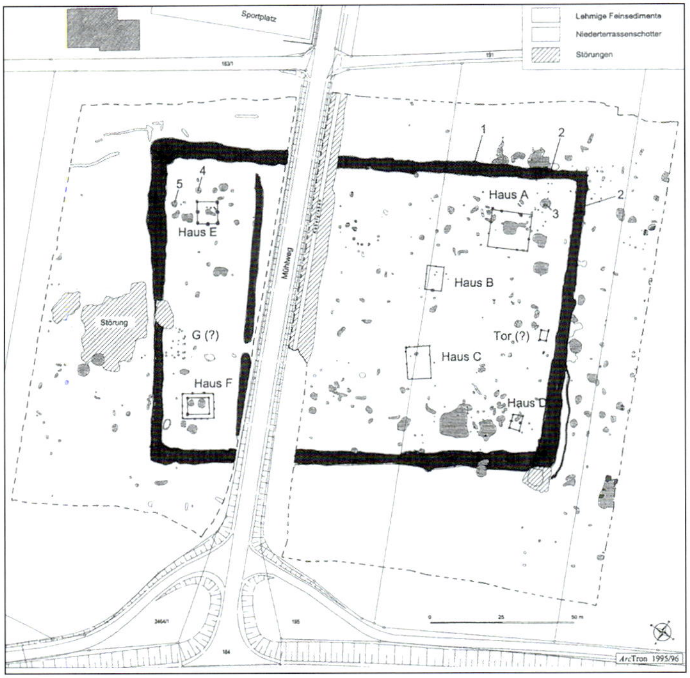

Abb. 5, 1: Gesamtplan der Ausgrabung Plattling-Pankofen (nach Reichenberger/Schaich 1996)

Traunstein bekannt (Abb. 3,9). Hier liegt ebenfalls zentral unter dem Wall ein Palisadengraben.

In Bopfingen-Flochberg, Ostalbkreis sehen die Verhältnisse etwas anders aus (Abb. 6,1). Eine ältere quadratische Zaunanlage befindet sich nicht an derselben Stelle, sondern ist leicht nach Osten versetzt. Auffallend sind dieselbe Orientierung der Seiten und die fast exakt doppelte Größe der Viereckschanze, die am Ende der mittleren Latènezeit (Lt C2) errichtet wurde. An diesem Beispiel lässt sich eine zeitliche Abfolge erkennen, an deren Anfang ein Gehöft mit Zaungräbchen steht. Hierauf folgt die eigentliche Viereckschanze, die trotz einer leichten Lageverschiebung eindeutig Bezug zu dieser älteren Anlage besitzt.

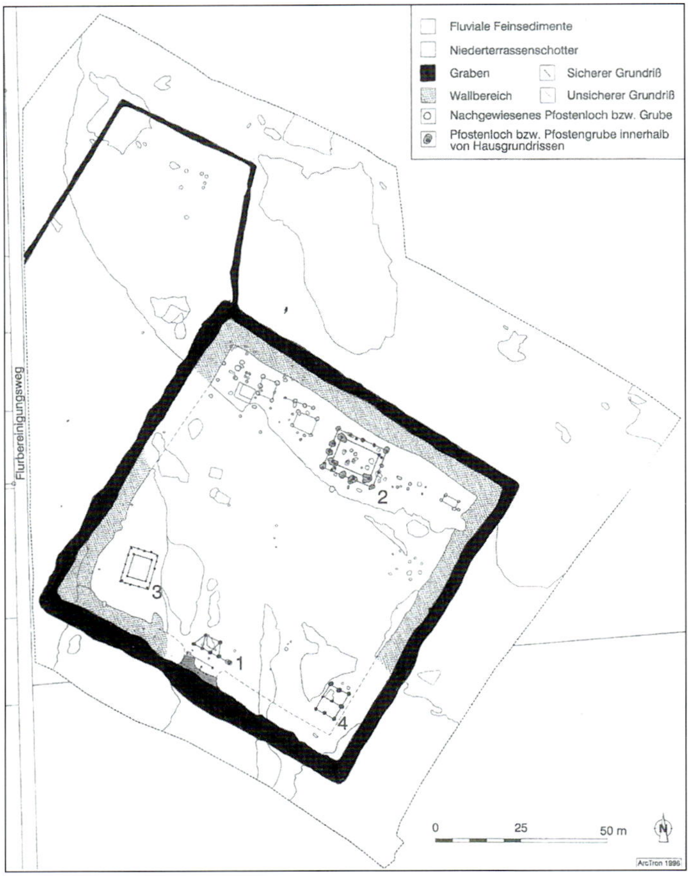

Abb. 5, 2: Gesamtplan der Ausgrabung Pocking-Hartkirchen (nach Schaich/Watzlawik 1996).

Plattling-Pankofen

Eine zeitliche Abfolge kann auch in Plattling-Pankofen nachgewiesen werden (Abb. 5,1). Den Ursprung bildet wohl eine einfache Anlage, die nach Westen erweitert wurde. Zumindest während einer Bauphase dürfte es sich in Pankofen um eine der seltenen mehrteiligen Anlagen gehandelt haben.

Die beträchtliche zeitliche Tiefe dokumentieren auch die Daten für die drei holzverschalten Brunnen. Zwei davon liegen eindeutig im Innenraum der Anlage und zwar im Bezug zur nordwestlichen und nordöstlichen Ecke der

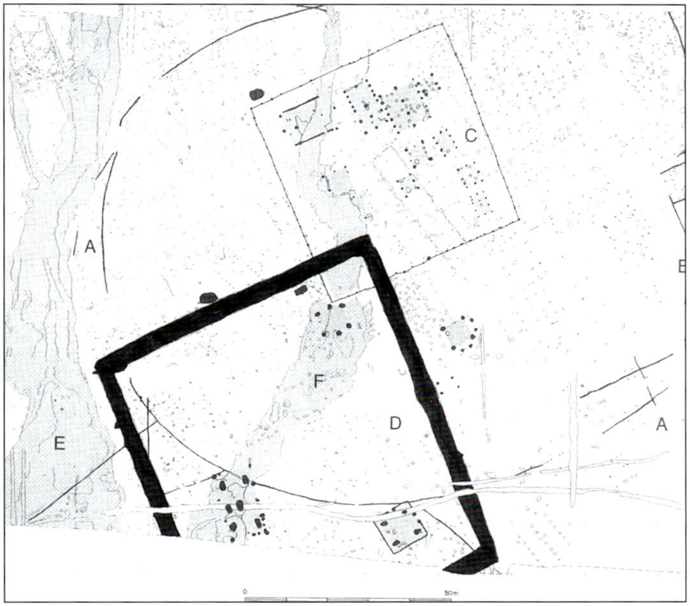

Abb.6: Auswahl an Grundrissen keltischer Viereckschanzen in Baden-Württemberg: 1. Bopfingen-Flochberg (nach Krause/Wieland 1993) 2. Riedlingen (nach Klein 1999) 3. Ehningen (nach Wieland 1999).

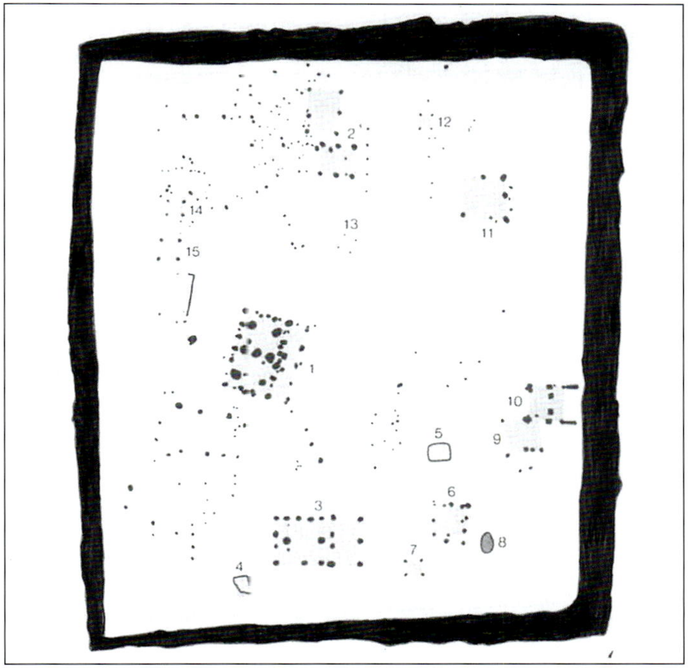

Abb.6, 2: Riedlingen (nach Klein 1999)

Schanzen. Die dendrochronologische Untersuchung der Hölzer erbrachte ein gesichertes Fälldatum von 74 v. Chr. Der dritte Brunnen liegt nur 4 m vom westlichen Außengraben entfernt und dürfte damit unter dem Wall gelegen haben. Aufgrund dieser Beobachtung ergibt sich, dass dieser vor der Erweiterung der Anlage nach Westen in Verwendung war. Das Fälldatum der Hölzer 91+/-5 v. Chr. gibt somit einen wichtigen Hinweis für die Errichtung des Walles in Pankofen.

Im Innenraum der Schanze lassen sich mehrere Gebäude feststellen, zu denen ein Umgangsbau und unterschiedlich große Pfostenbauten gehören. Insgesamt sechs sichere und mehrere vermutliche Grundrisse geben eine relativ dichte Nutzung des Innenraums wieder. Auffallend ist, dass in allen Ecken der Anlage Bauten angetroffen wurden, wobei ein Umgangsbau in der Südwestecke mit einer Gesamtfläche von etwa 92,4 m^2 beträchtliche Ausmaße aufweist. Das Fundgut, das zum überwiegenden Teil in den Gräben der verebneten Anlage aufgefunden wurde, besteht aus den unterschiedlichen Formen der Siedlungskeramik.

Auffallend sind zwei typengleiche Münzen aus Silber und ein etwa 4 kg schweres Depot mit Eisengeräten, das aus Tüllenbeilen, einer Tüllenaxt, Herdschaufel und Pflugschar besteht.

Pocking-Hartkirchen

In Pocking-Hartkirchen besitzt der Kernbereich mit 101 und 102 m langen Seiten eine fast quadratische Form, die durch einen Annex an der Nordecke eine Erweiterung der Gesamtanlage erfährt (Abb. 5,2). Der Eingang befindet sich an der Südwestseite. Direkt an der dem Tor gegenüberliegenden Seite liegt zentral der größte Bau mit 90 m^2 Innenfläche und einem 2 m breiten Umgang. Entlang dieser Seite sind weitere Bauten aufgereiht. Weitere Gebäude finden sich in den Ecken der Anlage. Für Hartkirchen kennen wir außerdem durch einen Pfosten

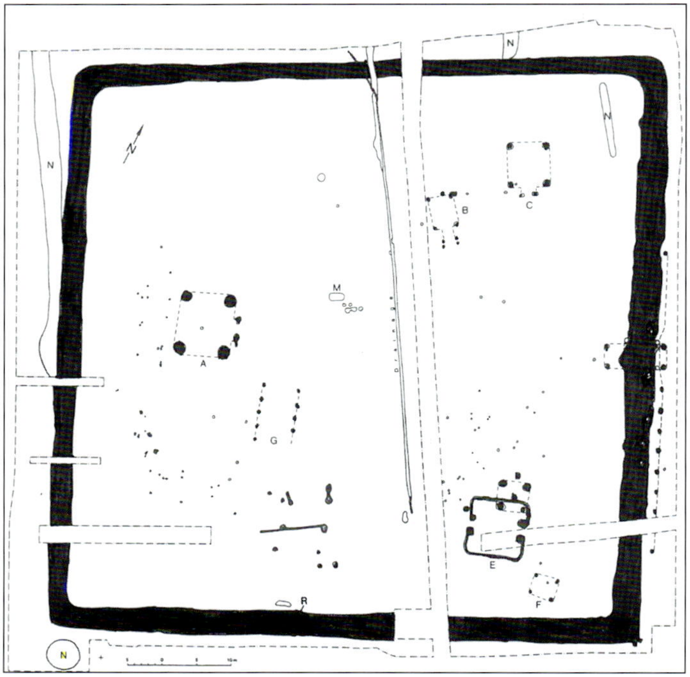
Abb. 6, 3.:Ehningen (nach Wieland 1999)

der Brücke das jüngste dendrochronologisch ermittelte Fälldatum 51+/-10 v. Chr.

Zusammenfassung

Ein Vergleich mit den Ausgrabungen in Baden-Württemberg zeigt, dass die Anlagen anscheinend einem gewissen überregional nachweisbaren Grundschema in der Bebauung folgen (Abb. 6). Häufig befindet sich das größte und repräsentativste Gebäude, das als Wohnhaus interpretiert werden kann, gegenüber dem Tor. Es entsteht dadurch eine Hauptsichtachse, die den Blick durch das Tor auf das Hauptgebäude führt. Diese Linie bleibt frei von Bebauung. Die weiteren Bauten weisen dagegen oft Bezug zu den Ecken auf, wodurch im Innenraum große Freiflächen entstehen. Neben Umgangsbauten und Wandgräbchenbauten mit vorgezogenem Eingang (Abb. 7) kamen auch einfache Sechs- und Vierpfostenbauten zutage, die als Speicher interpretiert werden können und zu den gängigen Hausformen in keltischen Siedlungen gehören. Ergänzt wird das Befundspektrum durch Brunnen und vereinzelt nachgewiesene Grubenhäuser, deren Funktion im handwerklichen Bereich zu suchen ist.

Ähnlich den Hausformen lassen sich auch im Fundgut kaum Formen nachweisen, die über das bekannte Spektrum in Siedlungen hinausweisen. Typisch ist bei allen Untersuchungen das Vorkommen von unterschiedlichen Topfformen aus Graphittonkeramik sowie Schalen und Schüsseln. In Pankofen wurden außerdem zwei Münzen und ein Gerätedepot mit unterschiedlichen Eisengeräten in der Grabenfüllung entdeckt. Besonders Werkzeuge und Geräte sind in den untersuchten Anlagen in Bayern und Baden-Württemberg relativ häufig. Nachweise für Metallverarbeitung, Textilfertigung, Landwirtschaft und Hausgeräte zeigen, dass durchaus unterschiedlichste Arbeiten des täglichen Lebens in Viereckschanzen vorgenommen wurden.

Da auch das Fundgut aus den Schanzen dem bekannten Spektrum von Siedlungen entspricht und Ausgrabungen im direkten Umfeld der Schanzen zudem gezeigt haben, dass die Viereckschanzen nicht isoliert liegen, sondern in zeitgleiche Siedlungen eingebunden sind, kann davon ausgegangen werden, dass sie, ähnlich den unbefestigten Großsiedlungen, eine zentrale Funktion innerhalb der keltischen Siedlungslandschaften besitzen, vielleicht als Wohnsitze für eine herausgehobene Bevölkerung.

MANCHING

Keltische Großsiedlung an der Donau

Claus-Michael Hüssen

Das Oppidum von Manching ist die am besten erforschte befestigte keltische Großsiedlung. Die Befunde und Funde in den seit 50 Jahren modern untersuchten Teilflächen der 380 ha großen Siedlung liefern einen umfassenden Einblick in das Alltagsleben, die wirtschaftlichen Grundlagen und die weit reichenden Kontakte dieser Keltenstadt (Abb. 1). Von anderen Oppida unterscheidet sich Manching durch seine Lage im Tal am Kreuzungspunkt zweier transeuropäischer Verkehrsachsen: der Donau von West nach Ost und einem wichtigen Landweg von Süd nach Nord. Der antike Name ist nicht bekannt.

C. Julius Caesar nannte große befestigte Zentralorte der Gallier bei seinen Eroberungsfeldzügen entweder *urbs* (Stadt) oder *oppidum*, eine alte Bezeichnung für umwehrte Vororte italischer Stämme. In der Keltenforschung werden als Oppida daher die befestigten Großsiedlungen bezeichnet, die in nur wenigen Jahrzehnten im späten 2. Jh. v. Chr. zwischen Britannien, Frankreich, Deutschland, Böhmen, Mähren und Ungarn entstanden. Sie sind prägend für die spätkeltische Kultur des 2. und 1. Jahrhunderts v. Chr. – die „Oppida-Zivilisation". Kennen gelernt hatten die Kelten die Stadtkulturen des Mittelmeerraumes auf ihren großen Wanderungen und Kriegszügen seit dem beginnenden 4. Jh. Nicht einmal ein Jahrhundert lang dauerte die Blütezeit der keltischen Oppida, die als die ersten Städte in West- und Mitteleuropa gelten. Von dem expandierenden römischen Reich im Süden und Westen und den Germanen im Norden bedrängt, gingen die urbanen Zentren – erobert, zerstört oder ihrer Existenzgrundlagen beraubt – schon ab der Mitte des 1. Jahrhunderts v. Chr. zugrunde.

Was zeichnet ein keltisches Oppidum aus? Die Bevölkerung, die im Schutz der neu errichteten Stadtmauer lebte, hatte

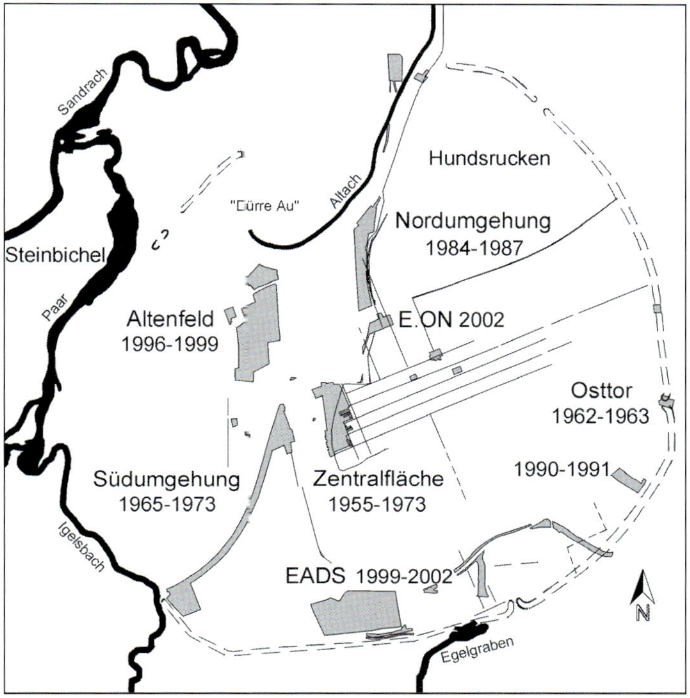

Abb. 1: Manching, Gesamtplan mit Ausgrabungen bis 2002 (Archiv RGK Ingolstadt)

gemeinsame Lebens- und Wertvorstellungen, die sich an der Tracht und Bewaffnung, an den Erzeugnissen des hoch entwickelten Handwerks, an den Zeugnissen des Kultes, an der Vorliebe für importierte Luxusgüter und vielem mehr ablesen lassen. In der Siedlung konzentrierte sich somit das, was das keltische Leben bestimmte – Landwirtschaft, Handwerk, Handel, Kriegshandwerk und Kult.

Geschützt durch Fluss und Moor

Die keltische Siedlung von Manching liegt auf dem südlichen Ufer der einst breit mäandrierenden Donau an der Mündung der Paar. Das Umland bot Möglichkeiten für Landwirtschaft und Viehhaltung und in den benachbarten Mooren – Feilen- und Donaumoos – konnte Raseneisenerz abgebaut und verarbeitet werden. Zusammen mit der günstigen Lage im Fernverkehrsnetz waren dies Standortvorteile, die die Entwicklung Manchings zum

Oppidum ermöglichten.

Naturwissenschaftliche Studien lassen Aussagen zur vorgeschichtlichen Landschaft an der Donau zu. Bevor die keltische Siedlung entstand, müssen wir uns eine parkähnliche, artenreiche Auenlandschaft vorstellen, mit Niedermooren, die von Bachläufen durchzogen wurden. Lichte, vorwiegend aus Kiefern bestehende Wälder standen entlang der Donau. Größere Eichenbestände lieferten aus nur wenige Kilometer entfernten Standorten Baumaterial für den Hausbau und später für den Bau der Stadtmauer. Der Kalkstein stammt aus Steinbrüchen am südlichen Rande der Fränkischen Alb.

Das keltische Wegesystem wird sich an älteren Wegen auf der Niederterrasse orientiert haben. Der Siedlungskern des späteren Oppidums lag am Schnittpunkt mit einer Nord-Süd führenden Straße. Nach Norden dürfte eine Überquerung der Donau über Furten möglich gewesen sein. Nach Westen war ein günstiger Übergang über die Paar ebenfalls vorhanden. Nach Süden führten die Wege ins Feilenmoos, wo man mit Bohlenwegen die Eisenerzabbaustellen erreichen konnte.

Von den Entwässerungsmaßnahmen des in vielen Bereichen feuchten Geländes, insbesondere nördlich und südlich des Hauptdurchgangsweges, zeugen die in großer Zahl beobachteten Drainagegräben. Im Zuge der Errichtung der Stadtmauer am Ende des 2. Jahrhunderts mussten sogar Bäche umgeleitet werden.

Heute sind im Gelände noch im Süden und Osten große Abschnitte des Keltenwalls mit dem Südtor und dem teilrekonstruierten Osttor erhalten. Vom Osttor aus bietet sich ein guter Überblick über das riesige, nahezu ebene Siedlungsareal über das Gelände des Militärflughafens bis zum heutigen Marktort Manching.

Vom „Pfahl“ zum Oppidum – Die Erforschung Manchings

Seit 50 Jahren wird das Oppidum kontinuierlich erforscht. Die Ergebnisse der Ausgrabungen, die mittlerweile rund 25 ha Siedlungsfläche erfasst haben, werden in der Reihe *Die Ausgrabungen in Manching* und in zahlreichen Artikeln veröffentlicht. Funde aus Manching werden in der Archäologischen Staatssammlung in München und im Stadtmuseum Ingolstadt verwahrt und präsentiert. Das neue Kelten- und Römermuseum im Markt Manching eröffnet 2006 seine Pforten.

Schon 1417 erwähnt, findet man den „Pfahl“ genannten Wall von Manching in Karten seit Anfang des 17. Jahrhunderts. Wissenschaftliches Interesse weckte der Platz seit dem 19. Jh. und Joseph Andreas Buchner setzte 1831 den Ringwall erstmals mit dem römischen Ort *Vallatum* in Verbindung, der im *Itinerarium Antonini* und in der *Notitia Dignitatum* erwähnt ist.

Der Bau des Forts Manching als Teil der Landesfeste Ingolstadt 1879 zerstörte Teile des Oppidums im Westen. In den Folgejahren befassten sich Ingolstädter Militärs mir der Erforschung der Siedlung. Hauptmann a. D. Hugo Arnold bezeichnete das Denkmal erstmals als keltisches Oppidum. 1892 und 1893 unternahm Joseph Fink im Auftrag der Kommission zur Erforschung der Urgeschichte Bayerns der Bayerischen Akademie der Wissenschaften erste Untersuchungen am Wall und den Toren sowie an einer nahe gelegenen Viereckschanze. Eine wichtige Entdeckung war das Gräberfeld in der Flur „Steinbichl“ im heutigen Ortsbereich westlich der Paar.

Der Bau des Militärflugplatzes ab 1936 zerstörte unwiederbringlich Teile des Ringwalls und große Areale im Inneren der Siedlung. Archäologische Belange mussten zurückstehen. In Notgrabungen konnten wenigstens die Konstruktion der Stadtmauer und das Gräberfeld „Hundsrucken“ innerhalb des Ringwalls dokumentiert werden. Auch keltische und römische Schatzfunde kamen bei den in Tag- und Nachtschicht vorangehenden Bauarbeiten zutage.

Die Bombardierungen des Flugplatzes am Ende des 2. Weltkriegs, die Wiederinbetriebnahme durch die amerikanische Luftwaffe kurz vor dem Eintritt in die NATO und die Übernahme durch die Bundesluftwaffe bald darauf blieben für den archäologischen Befund nicht ohne Folgen. Ab 1955 gelang es aber Werner Krämer, dem Leiter des Bayerischen Landesamts für Denkmalpflege, systematische Ausgrabungen in Manching zu etablieren. Mit seiner Wahl zum Direktor der Römisch-Germanischen Kommission übernahm das Institut die wissenschaftliche Leitung des Großprojektes Manching. In erheblichem Umfang wurden die Grabungen durch die Deutsche Forschungsgemeinschaft über einen Zeitraum von fast 40 Jahren gefördert.

Nach den Ausgrabungen in der Zentralfläche 1955–1961 folgten die Untersuchung des Osttores 1962/63, die Untersuchung der Südumgehung (1965–1973), der Nordumgehung (1984–1987) und des Neubaugebietes Altenfeld am nordöstlichen Ortsrand (1996–1999) sowie die Untersuchungen bei Baumaßnahmen im Süden des Oppidums (1999–2002). Eine große Herausforderung an die Landesarchäologie und Manching-Forschung stellen die großen Bauvorhaben der kommenden Jahre dar.

Von den Anfängen bis zur Großsiedlung

Die günstige Lage am Fluss wurde von Siedlern nahezu in allen vor- und frühgeschichtlichen Perioden gesucht. Eine eisenzeitliche Besiedlung Manchings in der Hallstattzeit (8.-6. Jh. v. Chr.) ist indirekt durch Metallfunde aus jüngeren Deponierungen belegt. Im Süden des Oppidums fanden sich Belege für Eisenerzabbau und Gräben, die von einem der weit verbreiteten hallstattzeitlichen Herrenhöfe stammen dürften (6./5. Jh. v. Chr.). Nur wenige Funde geben Hinweis auf eine frühlatènezeitliche Siedlung im Areal des Oppidums im 4. Jh. In dieser Zeit der Keltenwanderung brechen nahezu alle Höhensiedlungen auf der Frankenalb ab. Jüngere Siedlungen bevorzugten Standorte in den Niederungen.

Die Friedhöfe auf dem Hundsrucken (22 Gräber) innerhalb des Ringwalls und im Steinbichel (43 Gräber) belegen die Existenz dauerhafter Siedlungen seit dem Ende des 4. Jahrhunderts v. Chr. Die jüngsten Bestattungen gehören ins 2. Jh. Wegen der rasch wachsenden Siedlung wurde der Hundsrucken-Friedhof innerhalb des späteren Oppidums wahrscheinlich früher aufgelassen. Die Toten wurden in annähernd Nord-Süd orientierten Gruben in ihrer Tracht und die Männer mit ihren Waffen beigesetzt. Es gab daneben auch die Totenverbrennung, wie das Brandgrab von 1957 aus dem Zentrum der Siedlung zeigt. In der Grube, die in Ausrichtung und Anlage einem Körpergrab gleicht, fand man außergewöhnliche blattförmige Bronzezierbleche.

Schon um 300 v. Chr. zeichnet sich ein Zentrum der zusammenwachsenden Siedlung ab. Am Rande eines 50 x 80 m großen, mit Steinen gepflasterten Platzes am Schnittpunkt der später zum Ost- und Südtor des Oppidums führenden Straße kamen Deponierungen von Waffen und Gerät beim Flugplatzbau zutage. Sie enthielten Pferdegeschirr- und Kesselteile, vor allem aber Waffen, meist zerbrochen, und verzierte Bronzebleche. Die Stücke, die offensichtlich über einen langen Zeitraum gesammelt wurden, stammen aus der Zeit vom Ende des 4. bis zum 2. Jh. Die ersten Grabungen 1955 führten hier zur Entdeckung eines kleinen Tempels innerhalb eines Grabengevierts, der drei Bauperioden aufwies.

Im 2. Jh. vergrößerte sich das Siedlungsareal enorm. Es lassen sich innerhalb der Großsiedlung verschiedene regelmäßig wiederkehrende Gebäudegruppen erkennen. An den Wegen reihten sich bis zu 1 ha große Einzelgehöfte, deren Bebauung sehr stark variieren konnte. Sie waren durch Zaungräbchen voneinander getrennt. In zentraleren

Bereichen nördlich und südlich der Ost-West-Straße wechseln sich Bereiche dichter und mehrperiodiger Bebauung mit Arealen mit zahlreichen Gruben ab: verfüllte Brunnen, Vorratsgruben oder Materialentnahmegruben. Nördlich der Straße lagen die Grubenbereiche vor der Hausbebauung, im Süden grenzten die Häuser an die Straße, mit den Gruben dahinter.

An der Schwelle zum Oppidum wird die prosperierende Großsiedlung von einer Krise erschüttert, die im späten 2. Jh. v. Chr. weite Teile der keltischen Welt betraf. Auslöser waren erneut Wanderungen von Völkern, von denen uns die Kimbern und Teutonen namentlich aus römischen Quellen bekannt sind.

Zahlreiche, oft durch Biegen absichtlich unbrauchbar gemachte Waffen könnten aus dem damals zerstörten Tempel im Zentrum der Siedlung stammen, wo sie ursprünglich als Weihegaben aufbewahrt waren. Dort könnte auch das eiserne Ross als Kultbild gestanden haben, dessen Fragmente ebenfalls über eine größere Fläche verstreut lagen (Abb. 3).

Das Oppidum – Vom Bau der Stadtmauer bis zum Niedergang im 1. Jh. v. Chr.

Am Ende des 2. Jahrhunderts wird die Großsiedlung befestigt und somit zum Oppidum. Der Bau der über 7 km langen Stadtmauer mit ihren imposanten Zangentoren war sichtbarer Ausdruck der Stärke und Macht der hier Herrschenden und bot konkreten Schutz für die Bevölkerung.

Die Manchinger Mauer gehört nicht zu den frühesten Befestigungen keltischer Zentralorte. Östlich des Rheins ist sie die einzige, die als *murus Gallicus* errichtet wurde – eine Konstruktion, die Caesar aus Gallien kannte und beschrieb.

Die Berechnung des erforderlichen Materials für die 4–6 m hohe Mauer ergaben gewaltige Mengen: mindestens 2 Tonnen Nägel und über 11 000 Festmeter Holz allein für das Rahmenwerk, 90 000 m^3 Erde und Kalkstein für dessen Verfüllung, 6900 m^3 Steine für die Verblendung der Außenfront und schließlich 100 000 m^3 Erdreich für die Aufschüttung der 9 m breiten Rampe.

Zweimal musste die Mauer saniert werden, indem man eine neue Front vorblendete. Dies erfolgte durch senkrechte Pfosten, die man in der dahinter liegenden Mauer verankerte und in den Zwischenräumen die Steine trocken aufmauerte. Diese nach den Vertiefungen der vergangenen Pfosten in der Mauerfront als Pfostenschlitzmauer benannte Mauertechnik ist die übliche Technik in unseren Breiten.

Bereits nach wenigen Jahrzehnten zeichnet sich ein Niedergang der keltischen Stadt ab. Ein Indiz ist das Abbrechen des Zustroms von Amphoren, den Transportbehältern des begehrten Weins. Auch die Zufuhr von Graphit aus dem Passauer Raum ließ deutlich nach, was an der geringen Beimischung bei den Kochtöpfen ablesbar ist und eine Qualitätsminderung bedeutete. Möglicherweise kam auch die Zulieferung aus Töpfereien von außerhalb zum Erliegen, denn es ist auffallend, dass alle bisher im Oppidum gefundenen Töpferöfen in die Spätzeit gehören. Das Recycling von Altmetall gewinnt zunehmend an Bedeutung. Auch die Bebauung wirkt im 1. Jh. weniger dicht und das besiedelte Areal insgesamt wird kleiner, was auf eine sinkende Anzahl von Bewohnern schließen lässt. Das Osttor brennt, möglicherweise in Folge eines kriegerischen Ereignisses, völlig nieder und wird danach nicht mehr in Stand gesetzt (Abb. 2).

Offensichtlich verlor Manching im 1. Jh. v. Chr. mehr und mehr von seinen Funktionen als zentraler Ort. Äußere Ursachen waren die römische Expansion im Westen und Süden, das Erstarken Noricums im Südosten und das Vordringen elbgermanischer Gruppen aus dem Norden, was auch innerkeltische Konflikte ausgelöst haben könnte. Das Oppidum selbst verlor in den Jahrzehnten vor Christi

Geburt durch Verlandung eine Anbindung an die Donau und die zunehmende Wiederverwertung von Altmetall kann als Indiz für eine Erschöpfung der Ressourcen an Erz und Holz gewertet werden.

Leben, Alltag und Kult

Häuser, Brunnen und Gruben

Die Gebäude waren in Manching in der Regel Pfostenbauten. Gelegentlich sind Pfostengräbchen vorhanden und nicht tragende Pfosten waren in waagerechte Schwellbalken eingezapft, die aber nur selten nachweisbar sind.

Neutral werden die Gebäude nach der Anzahl der Pfosten als Vier-, Sechs- oder als Lang- oder Sonderbauten bezeichnet, sofern sie nicht dem üblichen Rahmen entsprechen. Die ursprüngliche Funktion der meisten Gebäude ist nicht über Einbauten oder Funde anzusprechen, da das ehemalige Laufniveau in weiten Teilen der Innenfläche nicht mehr erhalten ist und die Bauten nur durch die dunkleren Pfostengruben im anstehenden Kies zu erkennen sind. Wo in zentraleren Bereichen die schwarze und sehr fundreiche Kulturschicht erhalten ist, sind die Pfostengruben der Gebäude erst nach Abtrag der in mehreren Schichten übereinander liegenden Abfall- und Planierschichten erkennbar. Die Zuweisung der Funde zu den oft mehrphasigen Bauten ist dadurch nahezu unmöglich.

Daneben sind lange Häuser freigelegt worden, die bis zu 40 m lang und bei ein- oder zweischiffiger Konstruktion bis zu 7 m breit waren. Eine Unterteilung in verschiedene Nutzungsbereiche wie Wohnräume oder Ställe war nicht feststellbar. Es könnte sich bei den Langhäusern möglicherweise um Ställe für Pferde oder Rinder, aber auch um Lagerräume für Waren oder Vorräte gehandelt haben. In kleineren keltischen Siedlungen fehlen solche Bauten, so dass sie ein Beleg für die herausgehobene Funktion der Siedlung bzw. des hier vorhandenen Wohlstands gelten dürfen. In einem umfriedeten Areal im Norden der Südumgehung mit mehreren außergewöhnlichen Langbauten fand man auffallend viele Pferdegeschirrteile und Bestandteile von Wagen, die man möglicherweise in Remisen untergestellt hatte.

Abb. 2: Modell des Osttores in seiner ersten Bauphase (Archiv RGK Ingolstadt)

Mehrmals wiederkehrende Grundrisse von 17/19 x 7/8 m Größe können als typische Wohnhäuser angesprochen werden. Gelegentlich geben Pfostenstellungen im Inneren Hinweise auf eine Binnengliederung. Die Zwischenräume zwischen den tragenden Pfosten waren mit Staken und Ruten gefüllt und mit Lehm verschmiert. Gelegentlich haben sich am Hüttenlehm Verputzschichten erhalten. Von Türen stammen Nägel, Klammern und Schlossbeschläge. Ob es mit Luken verschließbare Fensteröffnungen gab, wissen wir nicht. Ebenso fehlen Hinweise auf die Art der Dacheindeckung; in Frage kommen Holzschindeln, Stroh oder Ried.

Die bisher in Manching freigelegten sog. Grubenhäuser wurden in der Regel für handwerkliche Tätigkeiten genutzt, vor allem für Metallverarbeitung. Diese Häuser mit eingetieften Böden konnten unterschiedlich konstruiert sein, mit zwei Firstpfosten oder mehreren Pfosten an den Seitenwänden.

Abb. 3: Kopf einer eisernen Pferdestatuette (Foto: J. Bahlo, RGK)

Über die Ausstattung der Häuser liegen nur wenige Informationen vor. Im Mittelpunkt der Wohnhäuser stand der Herd zum Kochen und Heizen. Dort bewahrte man die notwendigen Dinge zur Zubereitung auf und nahm auf einfachen Möbeln das Essen zu sich. In Grubenhäusern fand man kleine Mulden von Herdstellen mit Resten von Metallverarbeitung oder in einem Fall noch das Unterteil einer Handmühle für Getreide.

Wasser holte man aus den in großer Zahl untersuchten Brunnen. Waren die Hölzer morsch oder die Kästen versandet, wurden sie als Abfallgrube und wohl auch als Latrinen genutzt.

Landwirtschaft und Ernährung

Weite Bereiche der Siedlung waren mit Gehöften besiedelt, die mindestens aus einem Wohngebäude und einem Speicher bestanden; weitere Gebäude, Brunnen oder auch ein Grubenhaus konnten hinzukommen. Die Höfe waren meist durch Gräbchen voneinander getrennt. Als Speicher sind die Vier- oder Sechspfostenbauten zu interpretieren, die auf einer bzw. zwei Seiten Pfostenstellungen für Aufgänge für Treppen oder Rampen besaßen. Die quadratischen bis rechteckigen Häuser mit mehr Pfosten sind in der Mehrzahl als Wohnhäuser anzusprechen.

An Getreide herrschte nach den Ergebnissen zahlreicher Untersuchungen Gerste als Sommer- und Dinkel als Wintergetreide vor. Dazu kamen Rispenhirse, Einkorn, Emmer, Hafer, Saatweizen und Roggen. Außerdem baute man Linsen, Ackerbohnen und Schlafmohn an. Haselnüsse und verschiedene Kernobstarten wurden ebenfalls genutzt.

In welchem Umfang Vieh innerhalb der Siedlung gehalten wurde ist schwieriger zu beurteilen, da die Deutung der Langbauten als Ställe keineswegs sicher ist. Auch fehlen in den Gehöften eindeutige Hinweise auf spezielle Stallbauten. Das Vieh konnte aber ebenso gut in den offenen Auwäldern außerhalb der Siedlung gehalten worden sein.

Fleisch spielte jedenfalls bei der Ernährung eine große Rolle. In riesigen Mengen wurden Knochenabfälle in den Gruben geborgen und analysiert. Die meisten Knochen stammen vom Schwein, gefolgt von Rind und Schaf bzw. Ziege. Auch Pferd und Hund wurden verzehrt, aber nicht für diesen Zweck gezüchtet. Eine untergeordnete Rolle spielte das Huhn.

Rinder wurden auch als Zugtiere eingesetzt. Käseerzeugung aus Kuh- oder Ziegenmilch spielte sicher ebenfalls eine wichtige Rolle. Schafe dienten in erster Linie zur Gewinnung von Wolle, da Knochen von Jungtieren im Fundbestand nicht überwiegen.

Die Jagd lieferte neben der Ergänzung des Speisezettels auch das begehrte Fell und Leder, Geweih für Gerätschaften oder Eberhauer als begehrte Amulette. Rothirsch, Reh und seltener Wildschwein ist nachgewiesen, vereinzelt auch Elch und Bär. Vögel wurden wegen ihres Federkleids und auch als Delikatesse gejagt. In welchem Umfang Fischerei betrieben wurde, ist noch nicht zu beurteilen. Flussmuscheln wurden verzehrt, und einige Metallhaken sprechen eher für nichtgewerbliches Angeln. Erst das

Aussieben von Erdproben in jüngerer Zeit erbrachte den Nachweis von Fischknochen in beträchtlicher Anzahl. In der Verteilung der Tierknochen innerhalb der Siedlung lassen sich Unterschiede erkennen. So findet man Knochen von Speisevögeln und -fischen eher in Bereichen, die als Wohnquartiere der Oberschicht in Frage kommen.

Importierter Wein gelangte in Amphoren aus dem Mittelmeerraum nach Manching und war das Getränk der Aristokratie. Sonst trank man, außer Wasser, Honigwein und wohl ein bierartiges Getränk.

Religion und Totenbrauchtum

Die Religion spielte bei den einheimischen Kelten sicher eine ebenso große Rolle, wie es Caesar von den Galliern berichtete. Außer den zentralen Rundtempeln, die über einem rechteckigen Vorgänger in einer Grabenumfriedung errichtet waren, gab es weitere Heiligtümer, die sich als Bauten mit Grabenumfriedung zu erkennen geben. Allerdings sind Grabeneinfassungen auch innerhalb und außerhalb Manchings bei profanen Gebäuden, wie Speichern oder Grubenhäusern, bekannt.

Die als Tempel interpretierten Gebäude sind von bescheidener Größe im Vergleich zu den klassischen Städten des Mittelmeerraumes mit ihren großen zentralen Heiligtümern.

Als Zeugnisse des Kultes sind neben den absichtlich zerstörten und geopferten Waffen besonders zwei herausragende Funde zu nennen: das vergoldete Kultbäumchen (Abb. 5) und das bereits erwähnte eiserne Ross.

Das Bäumchen wurde 1984 in einem locker bebauten Areal in der Trasse der Nordumgehung entdeckt. Es war ursprünglich in einem reich verzierten und ebenfalls vergoldeten Holzkasten aufbewahrt und fand sich in einer unscheinbaren Grube. Es entstand nach der Analyse von F. Maier stilistisch im fortgeschrittenen 3. Jh. v. Chr.

Abb. 4: Glasarmringe und -perlen aus Grabfunden (Foto: M. Eberlein, Prähistorische Staatssammlung)

Dargestellt sein könnte ein mit Efeu umrankter Ast einer Eiche. Details der Herstellung lassen eine Entstehung nördlich der Alpen – vielleicht sogar in Manching selbst – als wahrscheinlich erscheinen. Kultische Handlungen der Kelten – so Plinius der Ältere – fanden oft in Hainen statt, wobei die Eiche eine besondere Rolle spielte.

Von den Bestattungsplätzen in Manching war schon die Rede, und es ist deutlich, dass ihre Zahl im Verhältnis zur damaligen Bevölkerung viel zu gering ist – eine Erscheinung, die für die gesamte keltische Welt gilt. Es wurden nie alle Mitglieder der Gemeinschaften bestattet. Offensichtlich wurde ein mehrstufiges Totenritual praktiziert, bei dem die Verstorbenen einige Zeit der Verwesung ausgesetzt waren, bevor Teilskelette und

Abb. 5: Vergoldetes Kultbäumchen, links Rekonstruktion (Foto: M. Eberlein, Prähistorische Staatssammlung)

Knochen in die Siedlung gelangten. Menschenknochen, vor allem Langknochen, fand man in Manching in der Masse verstreut in den Abfallschichten. Nur selten waren sie deponiert und wiederholt lagen halbverweste Tote in Gruben und Gräben. Heute interpretiert man diese Phänomene als Zeugnisse einer Praxis des Toten- und Ahnenkults und nicht mehr als Hinweis auf Kämpfe in der Siedlung. Eine besondere Rolle spielte bei den Kelten der Schädel, wie es antike Schriftsteller berichten. Als Trophäen wurden die Schädel erschlagener Feinde aufbewahrt und zur Schau gestellt. Als nachträgliche Bestattung kann eine Deponierung von acht Schädeln von Jugendlichen oder jungen Erwachsenen beiderlei Geschlechts interpretiert werden, die 2002 ausgegraben wurde (Abb. 7).

Handel und Handwerk

Manching war das Zentrum für Produktion und Warenverteilung in der Region. Voraussetzung für den Handel über große Entfernungen bei nur geringen persönlichen Kontakten war die Verwendung von Münzen: Gold- und Silbermünzen als Wertträger sowie als Scheidegeld unedle Potinmünzen aus einer Bronzelegierung. Eingeführt hatten die Münzen wahrscheinlich zurückgekehrte Söldner, die für den Kriegsdienst im Mittelmeerraum in Münzen entlohnt wurden. Die ersten Münzen in Manching kommen im 3. Jh. v. Chr. in Umlauf.

Die eigene Münzprägung wird durch Schrötlingsformen, die sog. Tüpfelplatten, Schrötlinge und Münzstempel belegt. Für den Zahlungsverkehr innerhalb der Siedlung genügten offensichtlich die Kleinsilbermünzen und Büschelquinare sowie die Potinmünzen. Goldmünzen fanden als Wertträger im Fernhandel Verwendung und wurden thesauriert – in Notzeiten oder als Weihung an eine Gottheit. Bei Ausgrabungen 1999 kamen in der Nähe des Hafens 483 boische Goldstatere und ein 217 g schwerer Goldklumpen zutage (Abb. 6). Drei Bronzeringe dürften einen Beutel aus Leder oder Stoff verschlossen haben.

Ein verbindliches Maßsystem, das Voraussetzung für das Münzwesen war, galt auch für die Gewichte. Zwei stempelgleiche Bleigewichte zu ca. 62 g bzw. 125 g aus Manching haben Vorbilder in griechischen Marktgewichten mit Bildnissen der jeweiligen Stadtgottheiten. Die keltischen Stücke zeigen die Büste eines Mannes mit streng zurückgekämmtem Haar, einem Halsring (torques) und einem nicht deutbaren Objekt auf den Armen.

Im Handel war der Gebrauch von Schrift notwendig – sei es für Verträge oder Warenauflistungen. In Manching gibt es wenige Zeugnisse dafür, einige Graffiti auf Keramikscherben – darunter der Name *BOIOS*, Schreibgriffel aus Bein und die Bronzerahmen hölzerner Wachstafeln.

Die unterschiedlichsten Rohstoffe für die spezialisierten Handwerker kamen aus dem näheren und weiteren Umland oder über ein weit reichendes Handelsnetz nach Manching. Hierzu gehörten Holz, Eisen, Silber, Gold, Buntmetalle, Stein, Rohglas, Ton, Graphit, Leder und Felle. Wichtigster Rohstoff war Holz. Dessen Nutzung und Bearbeitung war eine Grundlage für die Entwicklung der Siedlung: als Hauptbaumaterial für Häuser und für das Rahmenwerk der Stadtmauer, als Heizmaterial sowie für Wagen und viele Geräte und Gegenstände des täglichen Gebrauchs. Hiervon hat sich nichts erhalten und nur in einigen Brunnen fanden sich Reste der hölzernen Einbauten. Entsprechend viele Handwerker, insbesondere Zimmerer, arbeiteten mit Holz. Die gefundenen Werkzeuge belegen die beträchtliche Spezialisierung, etwa als Stellmacher, Wagenbauer und Küfer.

Keramik als Koch- und Essgeschirr und als Vorratsbehälter ist mengenmäßig die größte Fundgattung in Manching. Qualität und Anzahl variieren nach Verwendungszweck. Bisher sind erst drei spätkeltische Töpferöfen untersucht, die die Herstellung innerhalb des Oppidums belegen. Geeignete Tonvorkommen fand man im Umland. Graphit als Magerungsmittel importierte man aus dem Passauer Raum. Die wenigen bekannten Öfen der Oppida-Zeit reichen bei weitem nicht aus, um den großen Bedarf an Irdenware zu decken. So bleibt die Frage offen, ob im Umland größere Töpfereien ab dem 3. Jh. v. Chr. existierten, insbesondere für die qualitätvolle Feinkeramik wie die bemalten flaschenförmigen Gefäße, die in Massen auf der schnell

Abb. 6: Schatzfund mit 483 boischen Goldmünzen (Foto: J. Bahlo, RGK Ingolstadt)

drehenden Töpferscheibe hergestellten gleichartigen Formen sowie die Kochtöpfe aus Graphitton.

Eisen wurde in Manching weiterverarbeitet, die Verhüttung fand anderswo statt. Das Rohmaterial kam als Luppe in die Schmieden. Doppelkonische Eisenbarrenur Verfügung stand. Eine breite Palette von Schmiedegeräten wie Schmiedehämmer, Zangen, Ambosse, Meißel, Stecheisen und Punzen geben Einblicke in dieses Handwerk, das auch Spezialwerkstätten für Lanzen und Speere hervorbrachte.

Bronze war das Material für Zierrat und Schmuck. Schlacken, Gussreste und Fehlgüsse sind innerhalb der Siedlung weit verteilt. Konzentrationen zeigen an, dass ein Areal mit Buntmetallwerkstätten an der Straße zum Osttor lag. Auch im Handwerkerviertel im Altenfeld fand man eine Arbeitshütte eines Bronzegießers des 1. Jahrhunderts v. Chr. Hier fanden sich Tiegelreste, zugeschnittene Bronzebleche aus Altmetall, Gusszapfen und verschlacktes Material in einer Arbeitsmulde mit Holzkohle.

Die Fibeln zum Schließen der Trachtgewänder wurden in Manching in großer Zahl aus Bronze und Eisen hergestellt. Als Geschenke oder mit ihren Trägern gelangten reicher

Abb. 7: Schädelbestattung (Foto: RGK Ingolstadt)

verzierte Stücke und ein Fibelpaar aus Silber aus anderen Regionen an die Donau.

Sapropelit, ein fossiler Faulschlamm, wurde zu Schmuckringen verarbeitet. Ob diese aber als Halbfabrikate oder als Fertigerzeugnis aus Zentralböhmen importiert wurden, ist nicht geklärt. Diese Ringe kamen zu Beginn des 2. Jahrhunderts v. Chr. aus der Mode. Abgelöst wurden sie durch die bunten Glasarmringe, die in Manching selbst hergestellt wurden. Die ältesten Glasarmringe gehören noch ins 3. Jh. und blieben in wechselnder Form und Farbe beliebter Schmuck der keltischen Frauen /Abb. 4). Weitere Schmuckstücke aus Glas sind Perlen. Auch Bernstein, importiert von der Ostsee oder dem Mittelmeerraum, wurde zu Schmuck verarbeitet.

Die Drehmühlen aus Stein für die Weiterverarbeitung des Getreides wurden in Manching von Steinhauern hergestellt und repariert. Dies ist durch Abfallstücke in Gruben belegt. Als Material benutzte man Sandstein aus der näheren Umgebung, aber auch vulkanisches Gestein, vielleicht aus der Eifel oder der Rhön.

Nur wenige Hinweise finden sich für Wollaufbereitung und Tuchherstellung. Spinnwirtel aus gelochten Keramikscheiben sind bekannt, es fehlen aber Webgewichte in nennenswerter Form. Falls diese Arbeiten nicht in jedem Haushalt getätigt wurden, kämen, wie auch für andere Gewerbe, eigene Bezirke in Frage, die bisher noch nicht freigelegt wurden. Dies gilt auch für die Gerberei und das Lederhandwerk mit Schuhmachern, Sattlern und Kürschnern.

Keltische Traditionen an der Donau

Verschiedene Faktoren, die zum Niedergang von Manching und der Oppida-Zivilisation insgesamt beitrugen, wurden bereits genannt. Weitere Ursachen, etwa Abwanderung von Stammesteilen oder Seuchen, könnten den Untergang nach der Mitte des 1. Jahrhunderts v. Chr. beschleunigt haben. In jüngerer Zeit vermehren sich die Hinweise, dass kleine keltische Gruppen, mehr oder weniger von germanischen Einflüssen geprägt, noch nach dem Untergang der keltischen Stadt in Gehöften an der Donau lebten.

Als das römische Heer 15 v. Chr. die Alpen überquerte und Raetien und Vindelikien okkupierte, existierten die einst mächtigen keltischen Zentralorte an der Donau – Manching und Kelheim – schon nicht mehr. Ohne weitere Gewalt wurde der Fluss erst ein halbes Jahrhundert später als Nordgrenze der Provinz Raetien militärisch gesichert und in Oberstimm ein Kastell in Sichtweite der beeindruckenden Stadtmauer errichtet.

Die Grundrisse einzelner Pfostenbauten in ländlichen Siedlungen des späteren 1. Jahrhunderts n. Chr. lassen noch klar keltische Bautraditionen erkennen. Ob die Bewohner dieser frühen Holzvillen an der Donausüdstraße die Bauweise unmittelbar von in Manching lebenden Vorfahren übernommen oder aber diese von Neusiedlern aus anderen ehemals keltischen Regionen wieder an die Donau gebracht wurde, kann derzeit noch nicht entschieden werden.

KELTEN IN DER REGION DEGGENDORF

Karl Schmotz

Einen Überblick zu den Erscheinungsformen der keltischen Zivilisation zu geben beginnt mit einem grundlegenden Problem, nämlich mit der Definition von deren Anfängen. Streng an der bestehenden Terminologie orientiert, dürfen wir eigentlich erst ab der Zeit um 500 v. Chr. von Kelten sprechen, die uns namentlich durch die griechischen Geschichtsschreiber Hekataios von Milet und Herodot überliefert sind. Auch ein Anfang des Keltentums in der um 800 v. Chr. beginnenden älteren Eisenzeit, der Hallstattzeit, mag nicht unumstritten bleiben: Es gibt keinen definitiven Beweis, dass die Hallstattzeit frühkeltisch ist, und auch die zur Stützung dieser These erforderlichen Kontinuitäten sind nicht überall erkennbar. Trotz dieser Einschränkungen soll hier aber die Hallstattzeit als Beginn der keltischen Zivilisation gesehen werden- ein sicher vertretbarer Ansatz.

Befassen wir uns zunächst kurz mit terminologischen und chronologischen Gegebenheiten, die sich in der archäologischen Forschung im Laufe des 19. Jahrhunderts ausprägten.

Absolutchronologisch gesehen, erstreckt sich der als keltisch benannte Zeitabschnitt etwa zwischen dem Beginn des 5. Jahrhunderts v. Chr. und der Zeitenwende. Das Ende der Kelten wird gerne mit der Zeitmarke 15 v. Chr. in Verbindung gebracht, also mit dem aus römischen Quellen überlieferten Alpenfeldzug von Drusus und Tiberius, der angeblich zu einer Unterwerfung des von den Kelten besiedelten Voralpenlandes bis zur Donau geführt hat. Diesem historischen Ansatz widerspricht aber die archäologische Quellenlage, denn die jüngsten keltischen Funde sind für die Mitte des 1. Jahrhunderts v. Chr. belegt, und das noch dazu in sehr geringem Umfang. Darüber hinaus begegnen in dem hier behandelten Raum die ersten Nachweise für die Anwesenheit römischen Militärs – und das nur an einer einzigen Stelle, in Osterhofen-Haardorf – erst etwa um die Mitte des 1. Jahrhunderts n. Chr. Das bedeutet, dass wir eine etwa 100 Jahre umfassende Siedlungs- oder vielleicht Überlieferungslücke haben, die – im Gegensatz zu den Verhältnissen am Alpenrand – erhebliche Zweifel an einem umfänglicheren Aufeinandertreffen von Kelten und Römern im ostbayerischen Donauraum lassen. Dennoch dürfen wir sehr wahrscheinlich davon ausgehen, dass die Römer nicht in ein menschenleeres Gebiet vordrangen, denn sowohl das Siegesdenkmal von La Turbie als auch bis in römische Zeit tradierte Gewässer- und Ortsnamen stehen dem entgegen. Hier bedarf es noch langer und intensiver Forschungen, damit wir dieses bis heute ungeklärte Phänomen besser verstehen.

Betrachten wir nun die Hinterlassenschaften der hallstattzeitlichen Bewohner des Deggendorfer Raumes, so sehen wir zwar relativ viele Fundpunkte auf der Verbreitungskarte (Abb. 1); die Qualität der einzelnen Fundstellen ist aber sehr unterschiedlich. Eine erhebliche Zahl davon wird nur durch Keramikfunde repräsentiert, die mehr oder weniger umfangreich von Ackeroberflächen aufgelesen wurden und in der Regel Siedlungsstellen anzeigen, über deren Ausdehnung und Struktur kaum etwas bekannt ist. Die denkmalpflegerischen Zwänge wollten es, dass bisher nur sehr selten in hallstattzeitlichen Siedlungen gegraben wurde und Siedlungsfunde und -befunde dieser Kulturzugehörigkeit oft nur Nebenprodukte unter Strukturen anderer Zeitstellung waren. Eine Ausnahme macht aber eine Sondergruppe von Siedlungen, nämlich die sogenannten Herrenhöfe. Deren Existenz wurde zunächst durch Luftbilder bekannt. Im Laufe der letzten 25 Jahre war es aber erforderlich, drei von ihnen aus denkmalpflegerischen Gründen, d.h. vor ihrer unweigerlichen Zerstörung durch Überbauung, archäologisch zu untersuchen. Es handelt sich um die Grabenanlagen von Buchhofen, Deggendorf-Natternberg und Plattling-Pankofen. Eine vierte Anlage, jene von Osterhofen-Linzing, wurde vorwiegend aus

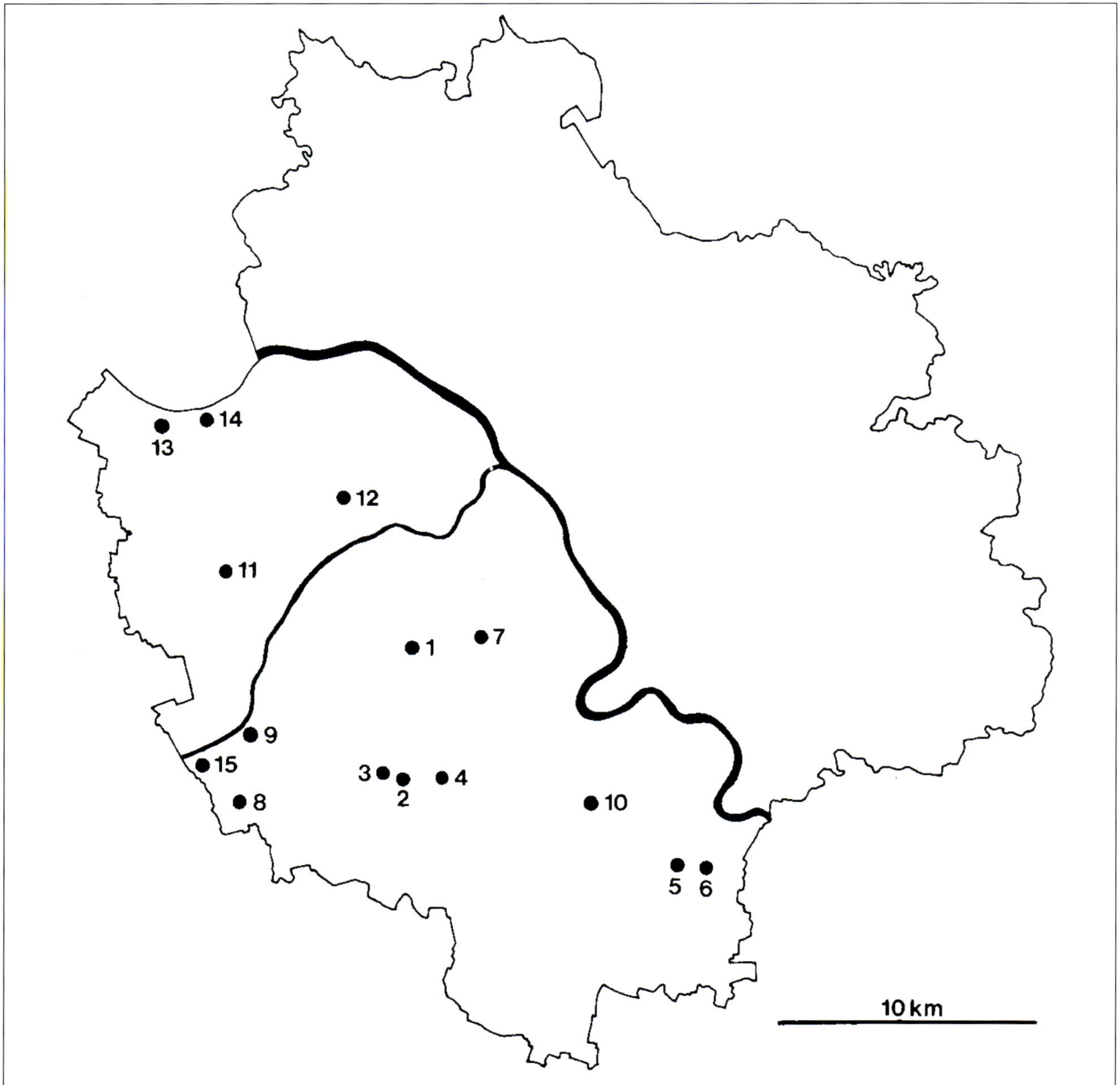

Abb. 1: Fundorte keltischer Gräber im Landkreis Deggendorf. 1 Aholming; 2 Buchhofen; 3 Buchhofen-West; 4 Buchhofen-Manndorf; 5 Künzing-Bruck; 6 Künzing-Ost; 7 Moos; 8 Oberpöring-Gneiding; 9 Oberpöring-Niederpöring; 10 Osterhofen-Altenmarkt; 11 Otzing-Kleinweichs; 12 Plattling-Enzkofen; 13 Stephansposching; 14 Uttenhofen, Gde. Stephansposching; 15 Oberpöring- Am „Bürggraben“ (Grafik nach W. Irlinger u. K. Schmotz, Keltische Grabfunde. Archäologische Denkmäler im Landkreis Deggendorf Heft 11 (Deggendorf 1999) Abb 1.)

wissenschaftlichen Gründen untersucht.

Die „Herrenhöfe“ des Deggendorfer Raumes zeigen rechteckige oder annähernd quadratische Flächen, die von einem oder zwei Gräben umzogen werden, die manchmal auch Unterbrechungen zeigen- Hinweise auf Zugänge in den Innenraum. Ein in Natternberg zu beobachtender dritter Graben stammt wahrscheinlich von einer zweiten Bauphase. Die in ihren Dimensionen sehr unterschiedlichen Gräben frieden Innenflächen ein, in denen nur bei der Anlage von Osterhofen-Linzing auch zugehörige Hausgrundrisse entdeckt werden konnten. Bei den drei anderen Anlagen waren die Erhaltungsbedingungen für Pfostengruben zu schlecht bzw. diese wegen unzulänglicher Grabungsvorgänge nicht mehr zu erkennen.

Die Ausmaße der von Gräben umzogenen Flächen liegen bei 40 x 45 m (Buchhofen), 43 x 52 m (Plattling-Pankofen), 44 x 46 m (Deggendorf-Natternberg) und 55 x 60 m (Osterhofen-Linzing). Die zuletzt genannte Anlage weist nicht nur die größte Innenfläche, sondern auch die tiefsten Gräben und eine durchaus als Schutzlage anzusehende Geländesituation oberhalb eines Bachtälchens auf. Pankofen dagegen befindet sich auf einem ebenen Terrassenrand, Buchhofen randlich an einem leicht abfallenden Tälchen. Während sich die drei Grabenanlagen von Buchhofen, Linzing und Pankofen im Lössgebiet befinden, fällt die Station von Natternberg ganz aus dem Rahmen, denn der Siedlungsplatz befindet sich innerhalb der wenig siedlungsgünstigen Talaue der Donau auf einer geringfügigen Geländeerhebung. Vielleicht steht sie mit dem Schiffsverkehr auf der Donau in Verbindung.

Die Chronologie dieser vier im Landkreis Deggendorf untersuchten Grabenanlagen ist vorerst nicht genauer als hallstattzeitlich anzugeben, mit Ausnahme von Linzing, das sich anscheinend bis in die Frühlatènezeit fortenwickelt. Es muss eine noch im Gange befindliche Dissertation abgewartet werden, die vielleicht eine genauere zeitliche

Abb. 2: Jünger hallstattzeitliches Grab Künzing im Auffindungszustand (Foto Kreisarchäologie Deggendorf)

Gliederung des Fundmaterials ermöglicht.

Noch immer umstritten ist der inhaltliche Begriff „Herrenhof“, der in einem gewissen Umfang Affinitäten zu den bekannten Fürstensitzen Südwestdeutschlands aufzeigen soll. Ob wir es tatsächlich mit so etwas wie einem „Herren“ zu tun haben, der in einem von Gräben eingefriedeten Anwesen lebt, mag dahingestellt bleiben.

Es darf aber nicht übersehen werden, dass die Errichtung der Einfriedung meist der Arbeit mehrerer Personen bedurfte, die wohl in irgendeiner Abhängigkeit zum „Herren“ standen. Hier drängt sich der Vergleich mit mittelalterlichen Ministerialensitzen auf, die durchaus nicht sehr auffällig gestaltet sein mussten, aber sowohl zur Errichtung als auch zum Unterhalt von Zeit zu Zeit Arbeitskräfte benötigten.

Als zweite Quellengattung sind Gräber bzw. Gräberfelder zu nennen. Während der Hallstattzeit wurde fast ausschließlich in bzw. unter Grabhügeln bestattet. Diese sind in den Wäldern heute noch mehr oder weniger gut erhalten, wurden aber im 19. und Anfang des 20. Jahrhunderts von vermeintlich wissenschaftlich arbeitenden Ausgräbern

Abb. 3: Latènezeitliche Lochtenne Künzing-Bruck im Auffindungszustand (Foto Kreisarchäologie Deggendorf)

oder gar Raubgräbern heimgesucht, ein Phänomen, das in den letzten Jahren verstärkt wieder auflebt. Darüber hinaus kennen wir aber auch in nicht geringem Umfang überpflügte Grabhügelstellen, die heute im intensiv bewirtschafteten Gäuboden liegen und fast ausschließlich durch Luftbilder entdeckt wurden. Allerdings ist nicht davon auszugehen, dass alle Grabhügel der Hallstattzeit angehören, denn auch während der mittleren Bronzezeit war ihre Errichtung üblich. Ein Korrektiv stellen hier nur die gelegentlich bekannt gewordenen Metallobjekte dar, die von oberirdisch nicht mehr sichtbaren Grabhügeln ausgepflügt wurden und somit auch den oft schlechten Erhaltungszustand der Grablegen demonstrieren.

Wie immer man sich die Sozialstruktur der hiesigen hallstattzeitlichen Bevölkerung auch vorstellen mag- zu beweisen ist sie weniger durch Strukturen wie denen der „Herrenhöfe“, sondern vielmehr durch entsprechend zu interpretierende Grabfunde. Vor allem Luftbilder tragen dazu bei, dass wir in der Nähe mehrerer „Herrenhöfe“ ehemalige Grabhügelfelder kennen, die auch auffallendere Ausstattungen aufweisen. Im Deggendorfer Raum ist im Gegensatz zu anderen Kleinregionen aber bisher keine solche Konstellation nachgewiesen. Dafür gibt es aber in Oberpöring, Künzing und Stephansposching-Steinkirchen unterschiedlich intensiv erforschte Grabhügelfelder. In Oberpöring handelt es sich um eine kleinere, teilweise bereits zerstörte bzw. beraubte Grabhügelgruppe der älteren Hallstattzeit mit acht Bestattungen, unter denen sich eine mit eisernem Schwert und umfangreichem Geschirrsatz auszeichnete. Das am reichsten ausgestattete Grab in einem Hügel beim Stephansposchinger Ortsteil Steinkirchen wurde überregional bekannt durch ein Bronzeschwert, das namengebend für einen bestimmten Schwerttyp wurde.

Die bisher größte Häufung an hallstattzeitlichen Gräbern, die sowohl dem älteren als auch dem jüngeren Abschnitt dieser Kultur angehören, ist in Künzing nachgewiesen. Das große, bisher etwa 750 Bestattungen aufweisende Gräberfeld wird zwar überwiegend während der mittleren und jüngeren Urnenfelderzeit (11. bis 9. Jahrhundert v. Chr.) belegt, es findet aber seine Fortsetzung in geringerer Intensität über die gesamte Dauer der Hallstattzeit (bis ins 5. Jahrhundert v. Chr.) hinweg (Abb. 2). Eine weitere Nutzung des Bestattungsplatzes bis in die Latènezeit hinein ist derzeit nicht nachgewiesen. Ein Knotenring der mittleren Latènezeit des 3. Jahrhunderts v. Chr. könnte vielleicht eine Fortsetzung andeuten.

An allen hier genannten Fundstellen wurden die während der Hallstattzeit verstorbenen Personen unverbrannt beigesetzt, in Künzing ist aber zusätzlich die Sitte der Verbrennung und die Deponierung der Überreste in Tongefäßen zu beobachten.

Während die Bestattungsplätze von Oberpöring und Stephansposching-Steinkirchen mit je einem Schwertgrab eine herausragende Bestattung aufzuweisen haben, findet sich in Künzing nichts Vergleichbares. Eine Verbindung zwischen diesen besonderen Bestattungen und einem „Herrenhof“, wie es z.B. in Geiselhöring der Fall ist, lässt sich im Deggendorfer Raum leider nirgends erkennen.

Eine ganz andere Situation begegnet uns in der jüngeren Eisenzeit, also der unmittelbar mit den historischen Kelten in Verbindung stehenden Latènezeit. Die Anzahl der Siedlungsstellen liegt nun erheblich höher, doch bedarf dieser Umstand des kritischen Hinterfragens, weil die von den Kelten gerne verwendete Graphittonkeramik leichter zu erkennen ist als die der Vorgängerkultur und dadurch überrepräsentiert erscheint. Von den Siedlungen ist lediglich jene in Osterhofen-Altenmarkt auf einer größeren Fläche untersucht, ansonsten gibt es mehrfach kleinere Siedlungsausschnitte oder allein Grubenhütten wie z.B. im Oberpöringer Ortsteil Niederpöring. Aus Künzing und Osterhofen-Schmiedorf wurden uns Kuppelöfen für den Brand von Keramik bekannt, von denen jeweils die Lochtennen erhalten waren (Abb. 3). Handel mit Rohgraphit bzw. Graphiterde aus der Lagerstätte von Kropfmühl bei Passau belegen einschlägige Funde von Stephansposching und Künzing.

Einen überregionalen Bekanntheitsgrad erlangten die sog. Viereckschanzen, deren Zweck – wichtigeres landwirtschaftliches Anwesen oder Kultplatz – gerade in den letzten Jahren wieder verstärkt diskutiert wird. Im Landkreis Deggendorf sind vier Vertreter dieser auffallenden Denkmälergruppe nachgewiesen, ein Objekt bei Stephansposching blieb sogar teilweise oberirdisch erhalten. Bedingt durch Überbauung und Kiesgewinnung war es notwendig, eine Anlage weitgehend vollständig (Plattling-Pankofen), eine zweite (Stephansposching-Fehmbach) teilweise auszugraben. Die Kenntnis beider Anlagen, die an der Oberfläche nicht mehr zu erkennen waren, geht auf Luftbilder zurück.

Die archäologische Untersuchung der Anlage von Plattling-Pankofen ergab ein Grabenwerk von ca. 113 x 153 m mit einer Innenfläche von ca. 1,5 ha. Ein nicht sicher identifizierter Torbau lag vermutlich im Osten. In ihrem Inneren befinden sich verschiedene Gebäude, deren

Abb. 4: Latènezeitliches Grabinventar Oberpöring (Foto R. Scharf)

Grundrisse aufgrund der schlechten Erhaltungsbedingungen nur unzureichend geklärt werden konnten.

Gesichert ist aber ein sog. Umgangsbau im Südwesten. Die Anlage wird durch einen Innengraben unterteilt, so dass es sich hier – zumindest in einer der vermutlich drei Bauphasen – um eine der seltenen doppelten bzw. mehrteiligen Schanzen gehandelt haben dürfte. Der Innenraum enthielt drei holzverschalte Brunnen mit dendrochronologisch

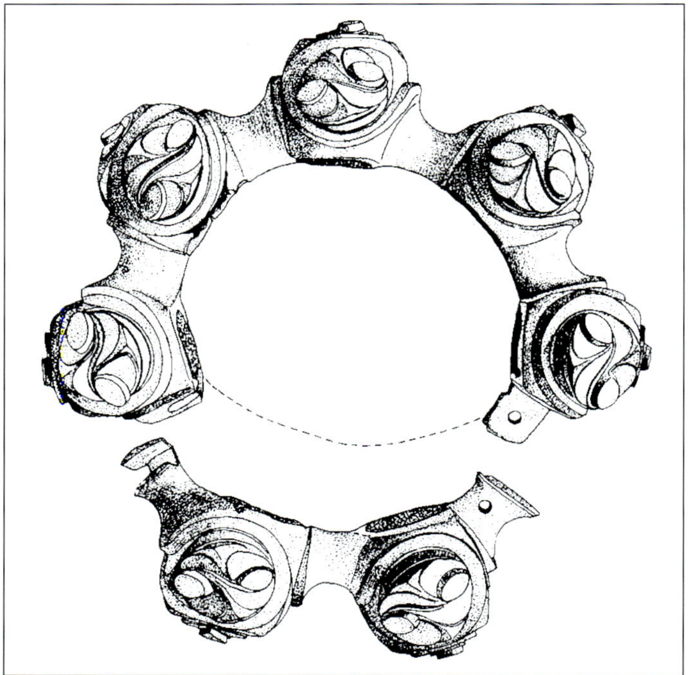

Abb. 5: Bronzene Hohlbuckelringe Aholming (Grafik nach W. Krämer, Die Grabfunde von Manching und die latènezeitlichen Flachgräber in Südbayern. Ausgrabungen in Manching 9 (Stuttgart 1985) Taf. 87, 1.3

ermittelten Baudaten von 74, 91 und 172 v. Chr. Dieses Datierungsergebnis zeigt, wie langlebig die Pankofener Anlage war. Ein weiterer keltischer Brunnen mit Holzverschalung wurde innerhalb der jungsteinzeitlichen Siedlung von Otzing-„Gartenäcker“ entdeckt und konnte auf 154 v. Chr. datiert werden.

Die zweite im Landkreis untersuchte Viereckschanze von Stephansposching-Fehmbach liegt am Rand der hier sanft in die Donauaue übergehenden Niederterrasse. Da sie sich auf Grundstücken unterschiedlicher Eigentümer befindet, konnte sie nur unvollständig auf einer Fläche von 5200 m^2 im Bereich eines Kiesabbaues untersucht werden. Der zwischen 3,70 und 5,30 m breite und 1,50 bis 1,70 m tiefe, im Schotter verlaufende Graben wurde auf einer Länge von ca. 110 m vollständig geöffnet. Sein Profil dürfte ursprünglich spitze Form aufgewiesen haben.

Im Innenraum befand sich nur ein einziges Gebäude, ein Umgangsbau mit etwa 16,8 x 8,7 m Ausdehnung. Wegen des für die große Fläche verschwindend geringen Keramikaufkommens sowie des gänzlichen Ausbleibens von Tierknochen scheint die Anlage kaum profanen Zwecken gedient zu haben. Vorausgesetzt, die noch nicht untersuchte östliche Teilfläche erbringt ebenfalls keine Hinweise auf Siedlungstätigkeit, könnten hier kultische Aspekte in den Vordergrund rücken.

Grabfunde der keltischen Latènezeit konnten bisher nur in wenig befriedigendem Umfang entdeckt werden. Im Gegensatz zur vorangehenden Hallstattzeit mit Grabhügelsitte handelt es sich bei den latènezeitlichen Bestattungen um sog. Flachgräber, also um Gräber, die nicht in oder unter Grabhügeln angelegt wurden. Lediglich zu Beginn der Latènezeit waren noch Grabhügelbestattungen in Mode. Bei den der ausgehenden Frühlatènezeit, vor allem aber der mittleren Latènezeit des 3. Jahrhunderts v. Chr. angehörenden Bestattungen handelt es sich ausschließlich um Körperbestattungen.

Dass derzeit zwar eine Reihe keltischer Gräber bekannt ist, deren Qualität aber nur teilweise unseren Ansprüchen genügt, liegt sowohl an der Bestattungsweise als auch an der Forschungsgeschichte. So behindert das Phänomen der überwiegend weit auseinander liegenden Bestattungen die Erkenntnismöglichkeiten ebenso wie manche frühen Entdeckungen des 19. Jahrhunderts, von denen zwar Funde erhalten blieben, die Fundumstände aber nicht oder kaum überliefert sind. Vor allem im Laufe der letzten 20 Jahre gelang es aber, eine Reihe von Grabfunden durch planmäßige archäologische Untersuchungen zu entdecken und damit die Kenntnis der Bestattungs- und Beigabensitten zu erweitern.

Die größte bisher bekannte Gräbergruppe mit sechs Bestattungen stammt von Moos; allerdings besaßen nur zwei der Bestattungen Beigaben. So enthielt ein Frauengrab eine eiserne Gürtelkette, auf der Brust eine eiserne Fibel und am linken Oberarm einen hellgrünen Glasarmring mit geknoteter Mittelrippe. Im zweiten Grab befanden sich eine Tonsitula und ein rundstabiger Bronzearmring. Ein in Buchhofen entdecktes Kindergrab war dagegen reich ausgestattet mit drei unterschiedlichen Bronzefibeln sowie je zwei Arm- und Fußringen. Insgesamt verrät das Grabinventar Beziehungen nach Böhmen.

Das bisher reichste Grab stammt aus Oberpöring und lag in der Nachbarschaft zweier weiterer Bestattungen (Abb. 4). Aufgrund der dortigen problematischen Grabungsbedingungen ist es aber durchaus möglich, dass sich weitere Gräber in nicht untersuchten Bereichen befinden. Die Ausstattung der Toten bestand aus einem Glas- und Sapropelitarmring, einem Buckelring mit Steckverschluss, sechs Bronze- und zwei Eisenfibeln sowie einer Gürtelkette und einem Tongefäß. Auch das daneben beigesetzte Kind zeigt mit drei Bronzearmringen und einem Tongefäß bemerkenswerte Trachtbestandteile.

Zu den herausragenden Funden der Latènezeit im Deggendorfer Raum gehören die 1887 entdeckten, reich verzierten Hohlbuckelringe von Aholming (Abb.5). Belege für die Waffenausstattung von Männern bleiben selten. Bisher konnten nur in Buchhofen-Manndorf und Osterhofen-Altenmarkt Schwerter nachgewiesen werden.

Als Sonderfall ist der überregional bekannt gewordene Befund von Otzing zu behandeln. Es handelt sich um die bisher älteste latènezeitliche Bestattung des Kreisgebietes. Anhand eines Gürtelhakens mit kästchenförmigem Beschlag (Abb. 6) ist eine Datierung in die Frühlatènezeit möglich. Dazu kommen noch zwei Bronzeringe und acht einfache Glasperlen. Nach Befundbeschreibung und Planskizze waren nur Teile des Skeletts vorhanden und der Tote wurde in ausgeprägter Hockerstellung niedergelegt. Es fehlen Schädel, Arme, Rippen und manche Wirbel, die wohl erst einige Zeit nach der Niederlegung entfernt

Abb. 6: Eiserner Gürtelhaken mit verziertem Bronzeblech; Otzing-Kleinweichs (Foto R. Scharf)

worden waren. Es wäre aber auch denkbar, dass sie von Anfang an nicht ins Grab gekommen sind. Ludwig Pauli interpretiert diesen Befund dahingehend, „dass man gewissen Personen, die ohnehin als gefährliche Tote galten, dennoch weitere böse Wirkungen zuschrieb und deshalb die schon getroffenen Vorsichtsmaßnahmen durch eine stärkere ergänzte, indem man Eingriffe an der Leiche selbst vornahm". Die Entnahme des Kopfes dürfte dazu gedient haben, die Individuen endgültig an ihrer Wiederkehr zu hindern.

Abb. 7: Latènezeitliche Gefäße aus Grabfunden Uttenhofen (Foto R. Scharf)

Weit über die Grenzen Bayerns hinaus bekannt sind die drei eher unscheinbaren Brandgräber aus Stephansposching-Uttenhofen, die dem jüngsten Abschnitt der Latènezeit angehören (Abb. 7). Bei den Ausstattungen handelt es sich um scheibengedrehte Tongefäße mit Einglättverzierung, bestehend aus waagerechten und wellenförmigen Linien. Neben den Gefäßen, die als Urne Verwendung fanden oder in der Leichenbrandgrube standen, kann über die Trachtbestandteile eine regionale Eingrenzung und Datierung der Gräber erfolgen. Alle Metallobjekte weisen Deformierungsspuren auf, die von der Verbrennung des Toten herrühren. In zwei Gräbern fanden sich unterschiedlich gestaltete Gürtelhaken, die Verbindungen in den germanischen Bereich aufzeigen. Ergänzt werden die Trachtbestandteile um zwei Bronzefibeln.

Chronologisch haben wir mit diesen Gräbern den jüngsten Horizont erreicht, der den Endpunkt der keltisch geprägten Entwicklung im Deggendorfer Raum umschreibt.

Der hier versuchte Überblick zeigt sehr deutlich, dass die langjährigen denkmalpflegerischen Bemühungen besonders im letzten Vierteljahrhundert, in dieser Zeit in erster Linie getragen durch die Deggendorfer Kreisarchäologie, zwar einen erheblichen Zuwachs an Wissen über die Hallstatt- und Latènekultur erbrachten, dennoch aber immer noch erhebliche Lücken bestehen, deren Schließung geraume Zeit in Anspruch nehmen wird, wenn sie überhaupt jemals zu schließen sind.

STRAUBING ZUR ZEIT DER KELTEN

Claudia Tappert

Straubing an der Donau, inmitten des fruchtbaren niederbayerischen Gäubodens gelegen, gehört zu den archäologisch interessantesten Gebieten in ganz Bayern. Auch aus der Zeit zwischen 500 v. Chr. und Christi Geburt sind zahlreiche Fundplätze bekannt. Sie zeigen uns, dass das heutige Stadtgebiet während der Epoche der historischen Kelten fast durchgehend besiedelt war. Allerdings wanderten Menschen ab und neue siedelten sich an. Die Wirtschaftsweise und die gesellschaftlichen Verhältnisse änderten sich. Die archäologischen Funde spiegeln deshalb nicht nur die Lebensweise der damaligen Bevölkerung wider, sie werfen auch ein Licht auf bedeutende Umwälzungen in dieser bewegten Zeit.

Die Gründung der ersten keltischen Siedlungen in Straubing fällt mit dem Übergang von der Hallstatt- zur Latènezeit zusammen. Obwohl zahlreiche hallstattzeitliche Fundplätze bekannt sind, besteht kein direkter Zusammenhang mit den frühlatènezeitlichen Siedlungen im Stadtgebiet. Diese wurden offenbar nach der Abwanderung der hallstattzeitlichen Bevölkerung zu Beginn des 5. Jahrhunderts v. Chr. neu angelegt.

Die frühlatènezeitliche Besiedlung Straubings bestand im Wesentlichen aus zwei Wohnplätzen im Südwesten und Süden des heutigen Stadtgebietes (Abb. 1). Sowohl die Siedlung Straubing-Bajuwarenstraße als auch diejenige am Aster Weg befand sich südlich der Donau auf der fruchtbaren Hochterrasse des Flusses. Beide lagen an Bächen – am Allachbach und am Ziehbrückenbach – die weiter nordöstlich zusammenflossen und schließlich in die Straubinger Donauschleife mündeten. Nahe dieser Mündungsstelle wurde eine einzelne frühlatènezeitliche Siedlungsgrube, wenige hundert Meter nordöstlich eine zweite gefunden. Unklar ist, ob diese Gruben ebenfalls zu größeren Siedlungen gehörten. Gräber sind uns aus der frühen Latènezeit keine bekannt. Wir wissen also nicht, wie und wo die frühkeltische Bevölkerung ihre Toten bestattete.

Wer waren die neuen Siedler, die sich zu Beginn der Latènezeit in Straubing niederließen? Wahrscheinlich stammten sie aus dem südlichen Bayern, denn das Formenspektrum und die Herstellungsweise ihrer Tongefäße steht in regionaler, hallstattzeitlicher Tradition.

Die Lebensgrundlage der frühlatènezeitlichen Bevölkerung war in erster Linie die Landwirtschaft. Der fruchtbare Gäuboden bot schon damals beste Voraussetzungen für Ackerbau und Viehzucht. Tierknochenfunde zeigen, dass vor allem die Rinder- und Schafzucht eine wesentliche Rolle spielte, während Schweine als Fleischlieferanten weit in den Hintergrund traten. Neben der Landwirtschaft übten die frühlatènezeitlichen Bewohner Straubings verschiedene Handwerke aus. So wurde Kleidung und Tongeschirr für den täglichen Bedarf weitgehend selbst hergestellt. Die Verarbeitung von Eisen und Bronze ist ebenfalls nachgewiesen. Offenbar fertigten in jeder der beiden Siedlungen spezialisierte Handwerker die für die Landwirtschaft notwendigen Eisengeräte und darüber hinaus auch Schmuckgegenstände an. Die Rohstoffe, die zur Herstellung dieser Gebrauchsgüter unabdingbar waren, mussten zum Teil aus weit entfernten Regionen herbeigeschafft werden. Eisen gab es in der Oberpfalz und in Böhmen. Aus den Alpen sind Kupfererzlagerstätten bekannt. Graphithaltiger Ton zur Herstellung von Kochtöpfen stammte aus der Passauer Gegend. Salz zur Konservierung von Lebensmitteln wurde wahrscheinlich aus Österreich bezogen. Dort hatten sich in Hallstatt und am Dürrnberg bei Hallein auf der Grundlage des lukrativen Salzbergbaus bedeutende Zentren herausgebildet.

Die günstige Situation Straubings an einer Schnittstelle mehrerer Fernhandelswege trug entscheidend zum Wohlstand der frühlatènezeitlichen Bevölkerung bei.

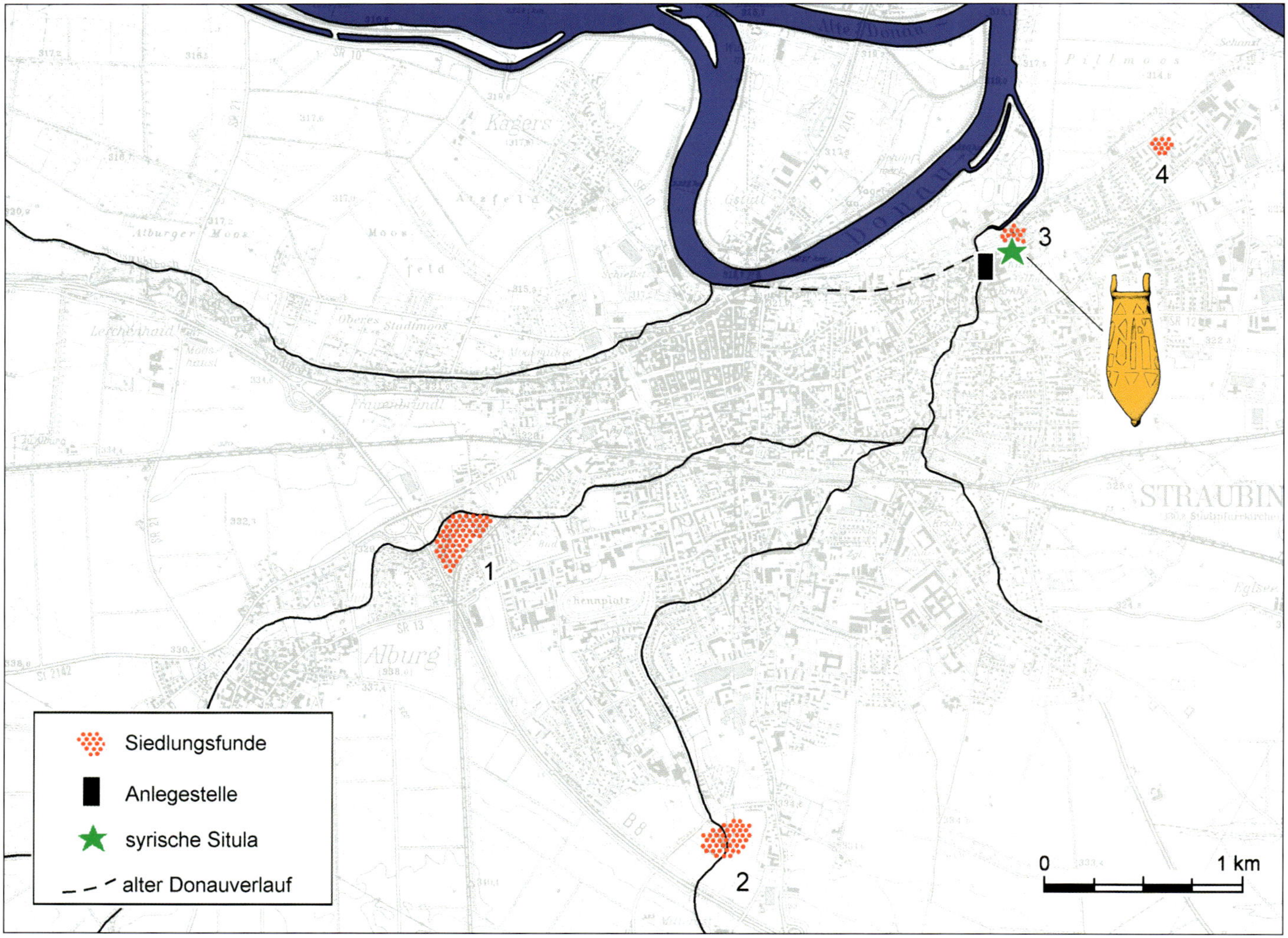

Abb. 1: Die frühlatènezeitliche Besiedlung Straubings. 1 Bajuwarenstraße; 2 Aster Weg/Lehmgrube Jungmeier; 3 Ostenfeld, Kiesgrube Peller; 4 Ostenfeld, städtische Kiesgrube.

So war die Donau die wichtigste Ost-West-Verbindung zur damaligen Zeit. Zusätzlich führte von Straubing aus eine direkte Verbindung über den Bayerischen Wald nach Böhmen. Die Lage der Straubinger Siedlungen lässt einen klaren Bezug zur Donau erkennen. Dieser wird umso deutlicher, wenn man die ehemalige Mündungsstelle des Allachbaches in die Donau näher betrachtet: Dort wurde für die spätere römische Zeit ein Hafen festgestellt. Schon im frühen 5. Jahrhundert v. Chr. muss dieser Platz eine besondere Bedeutung besessen haben, denn die Siedlungsgrube, die nur etwa 100 m vom Hafen entfernt in der ehemaligen Kiesgrube Peller ausgegraben wurde, barg einen für Bayern bisher einmaligen Fund: Zwischen Brandschutt und Keramik kam ein Bronzegefäß zutage, dessen Herkunftsgebiet im heutigen Nordsyrien lokalisiert werden konnte. Diese kleine „syrische Situla" (Abb. 2,1) ist bislang einzigartig in der Zone nördlich der Alpen. Sie zeugt davon, dass auch die frühen Kelten Bayerns wie zuvor die „Hallstattfürsten" im Westen und nun die neuen latènezeitlichen Zentren im Mittelrheingebiet, in Böhmen und am Dürrnberg Anteil an weitreichenden Fernbeziehungen bis in den Mittelmeerraum hatten. Wahrscheinlich befand sich bereits zur Frühlatènezeit an der Mündung des Allachbaches eine Anlegestelle, über die der Handel mit Rohstoffen, aber auch mit Prestigegütern abgewickelt werden konnte.

Dass über den Rohstoffhandel hinaus auch technisches Wissen über weite Strecken vermittelt wurde, zeigt die frühe Drehscheibenkeramik aus den Straubinger Siedlungen (Abb. 2,2): Die ältesten auf der Drehscheibe hergestellten Gefäße stimmen in Form, Riefenverzierung und Herstellungstechnik erstaunlich genau mit entsprechenden Stücken von der Heuneburg in Baden-Württemberg überein. Der verwendete Ton stammt dagegen mit großer Wahrscheinlichkeit aus Straubing selbst.

Hier drängt sich die Vermutung auf, dass Wanderhandwerker aus dem ehemaligen Fürstensitzbereich bis nach Niederbayern gelangt sind und dort die Drehscheibentöpferei etabliert haben. Auch andere Funde zeigen, dass die frühlatènezeitliche Bevölkerung Straubings mit den wirtschaftlichen Zentren in Verbindung stand und Anteil an der überregionalen Kulturentwicklung hatte. So wird das Geschirrspektrum gegen Ende der frühen Latènezeit durch sogenannte Linsenflaschen und Situlen aus Ton bereichert (Abb. 2,3–4). Diese Gefäße weisen auf veränderte Trinksitten nach mediterranem Vorbild hin, denn Situlen aus Bronze – die Vorbilder der Tonsitulen – gehören als Mischgefäße für Wein zum etruskischen Trinkservice. Die Kenntnis südlicher Lebensart, die bis dahin ein Privileg der „Fürsten" war, fand also langsam eine immer weitere Verbreitung.

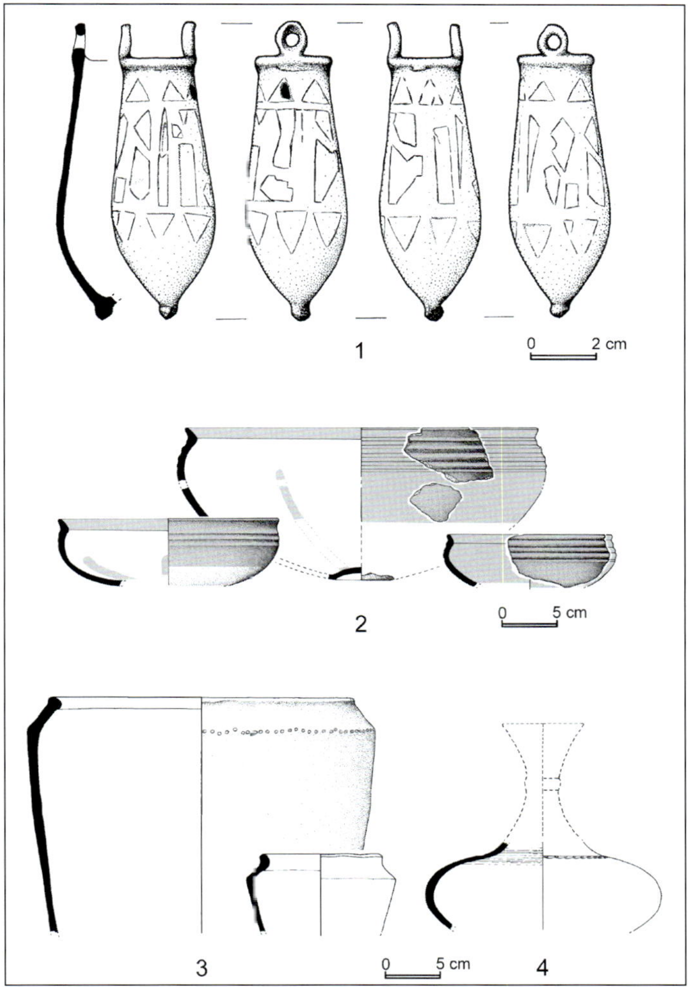

Abb. 2: 1 „syrische Situla" aus Bronze (Kiesgrube Peller); 2 frühe Drehscheibenkeramik; 3 Situlen aus Graphitton; 4 „Linsenflasche" (2-4 Bajuwarenstraße).

Die Entwicklung der frühkeltischen Siedlungen in Straubing verlief sehr ruhig. Nichts deutet auf eine Störung oder gar eine Krise hin. Dennoch wurden die Wohnplätze in der Bajuwarenstraße und am Aster Weg am Ende der Frühlatènezeit verlassen. Auch in anderen Gebieten Bayerns ebenso wie in weiten Bereichen Mitteleuropas haben Archäologen ähnliche Vorgänge feststellen können. Hier zeichnet sich offenbar der Beginn jenes Phänomens ab, welches uns von antiken Autoren schriftlich überliefert

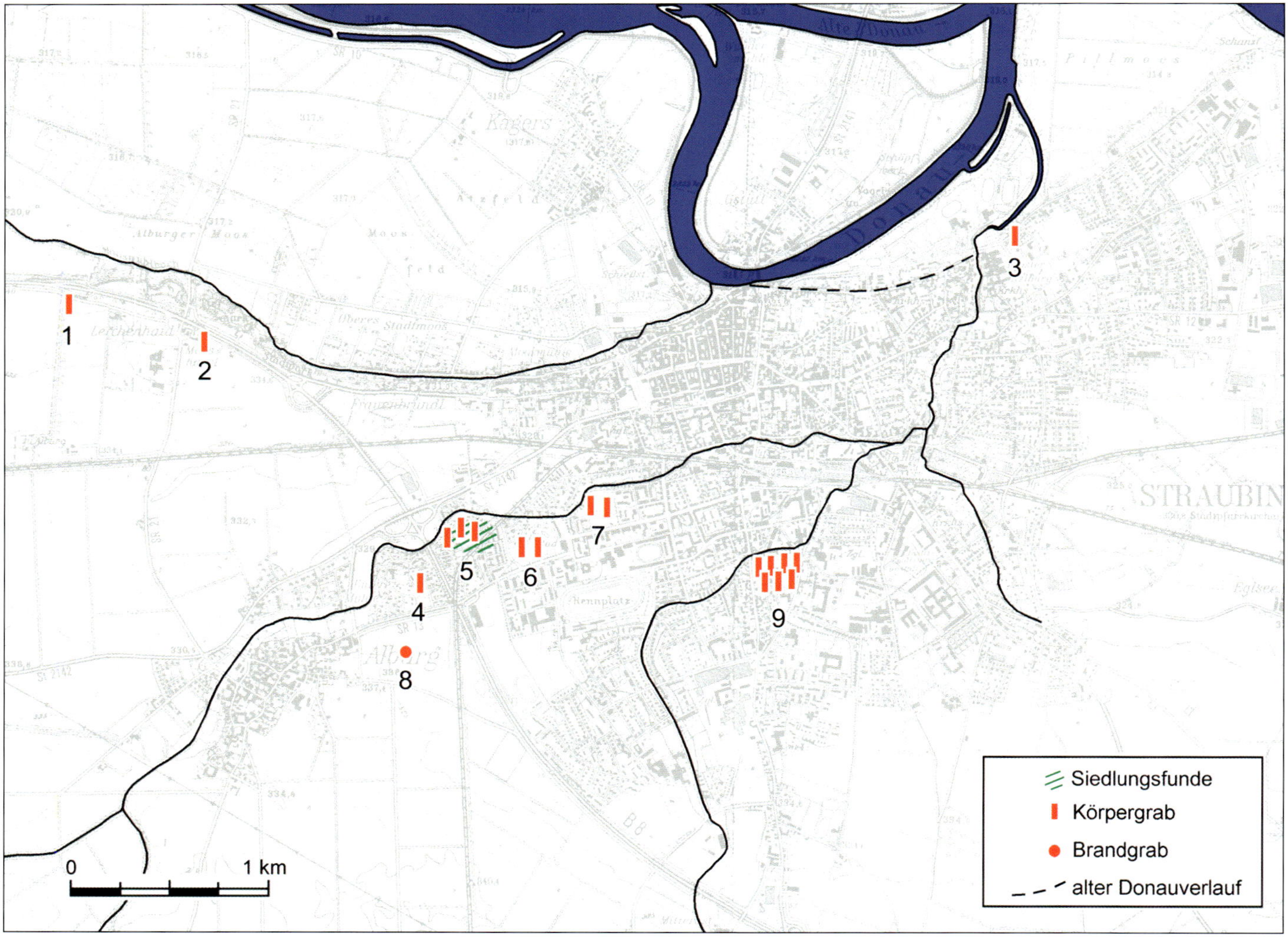

Abb. 3: Mittellatènezeitliche Grab- und Siedlungsfunde in Straubing. 1 Felder westlich von Lerchenhaid; 2 Felder östlich von Lerchenhaid (Spädition Häring); 3 Ostenfeld, Kiesgrube Mader; 4 Kreuzbreite; 5 Bajuwarenstraße; 6 Lehmgrube Mayr; 7 Wittelsbacher Höhe; 8 Hochwegfeld; 9 Ziegelei Ortler.

wurde: die Wanderungen der Kelten.

Die fruchtbare Gegend südlich der Straubinger Donauschleife blieb allerdings nicht lange unbewohnt. Schon bald kamen neue Siedler und nahmen sie in Besitz. Archäologisch nachweisbar sind diese Zuwanderer – im Gegensatz zu ihren Vorgängern – vor allem durch Grabfunde (Abb. 3). Sie bestatteten ihre Toten einzeln oder in kleinen Gruppen. Lediglich in der ehemaligen Lehmgrube Ortler wurde eine „größere“ Nekropole mit mindestens acht Bestattungen entdeckt.

In fast allen Gräbern wurden die Verstorbenen unverbrannt mit dem Kopf im Norden beerdigt. Frauen trugen reichen Schmuck (Abb. 4), Männer erhielten Schwert und Lanze als Beigaben. Südwestlich der Bajuwarenstraße wurde das einzige Brandgrab entdeckt: Inmitten eines hallstattzeitlichen Hügelgräberfeldes war in einem Topf aus Graphitton der Leichenbrand einer Frau beigesetzt. Alle Bestattungen stammen aus der Zeit der keltischen Wanderungen und datieren in das 4. bis frühe 3. Jahrhundert v. Chr.

Die Wohnplätze dieser mittellatènezeitlichen Neusiedler sind bis heute weitgehend unbekannt. Allein im Bereich der Bajuwarenstraße wurden nicht nur drei Frauenbestattungen, sondern auch die zugehörige Siedlung entdeckt. Dabei handelt es sich offenbar um ein einzelnes kleines Gehöft, dass von nur wenigen Personen bewohnt und bewirtschaftet wurde. Auch die übrigen Gräber im Straubinger Stadtgebiet müssen zu solchen Höfen oder kleinen Siedlungen gehört haben, die entweder unerkannt zerstört oder bislang noch nicht entdeckt wurden.

Das Besiedlungsbild der Mittellatènezeit unterscheidet sich also grundlegend von dem der Frühlatènezeit. Auch die Tatsache, dass nun Gräber vorhanden sind, macht den kulturellen Bruch zwischen den beiden Abschnitten der keltischen Epoche deutlich. Es stellt sich die Frage, woher die neuen Bewohner Straubings kamen, die so ganz anderen Traditionen verhaftet waren, als ihre Vorgänger. Sowohl der in den Gräbern gefundene Schmuck, als auch die Siedlungskeramik aus der Bajuwarenstraße haben gute Entsprechungen in Böhmen und Mähren, also im ostkeltischen Bereich. Wir müssen demnach davon ausgehen, dass ein Teil der Neusiedler aus diesen Regionen eingewandert ist.

Bisher wurde angenommen, dass die kleinen wanderungszeitlichen Siedlungen relativ bald wieder verlassen wurden. Das mittellatènezeitliche Gehöft in der Bajuwarenstraße war jedoch bis in die Zeit der keltischen Oppida mindestens 250 Jahre kontinuierlich bewohnt. Dabei wuchs es und dehnte sich nach Nordwesten aus. Auch im Stadtteil Lerchenhaid im Westen Straubings

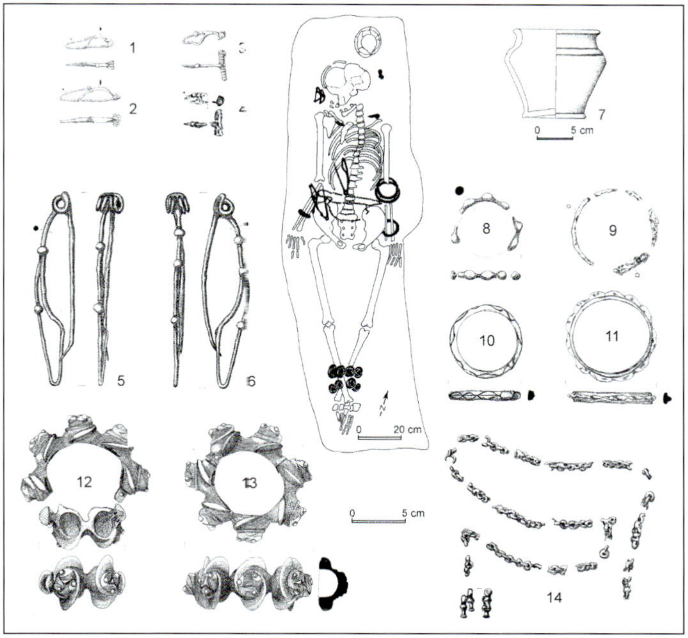

Abb. 4: Frauenbestattung aus der Bajuwarenstraße. 1.2 Bronzefibeln; 3-6 Eisenfibeln; 7 Tongefäß; 8.9 Armreifen aus Eisen; 10.11 Armreifen aus Glas; 12.13 Beinringe aus Bronze; 14 eiserne Gürtelkette. 3-6.8-14 nach R. Gebhard, Der Glasschmuck aus dem Oppidum von Manching. Die Ausgrabungen in Manching Bd. 11 (Stuttgart 1989), Abb. 41-42; 7 nach W. Krämer, Reicher keltischer Ringschmuck des 3. Jahrhunderts v. Chr. aus Straubing-Alburg, Niederbayern. Das Archäologische Jahr in Bayern 1981, 124 Abb. 109.

und auf dem Ostenfeld südlich der Donauschleife wurden außer mittellatènezeitlichen Gräbern Siedlungsfunde der späten Latènezeit entdeckt (Abb. 5). Das Fundaufkommen dieser beiden Plätze war aber bedeutend umfangreicher als in der Bajuwarenstraße. Die oppidazeitlichen Siedlungen dort müssen weitaus größer gewesen sein, als das Gehöft im Südwesten.

Je nach topographischer Lage entwickelten sich die in der Wanderungszeit gegründeten Ansiedlungen in Straubing sehr unterschiedlich. Einiges deutet darauf hin, dass sich auf dem Ostenfeld im Laufe der Mittel- und Spätlatènezeit ein zentraler Ort mit weitreichenden überregionalen Kontakten herausbildete. Wie im Oppidum von Manching muss es hier einen Hafen gegeben haben, denn die Ausgrabung an

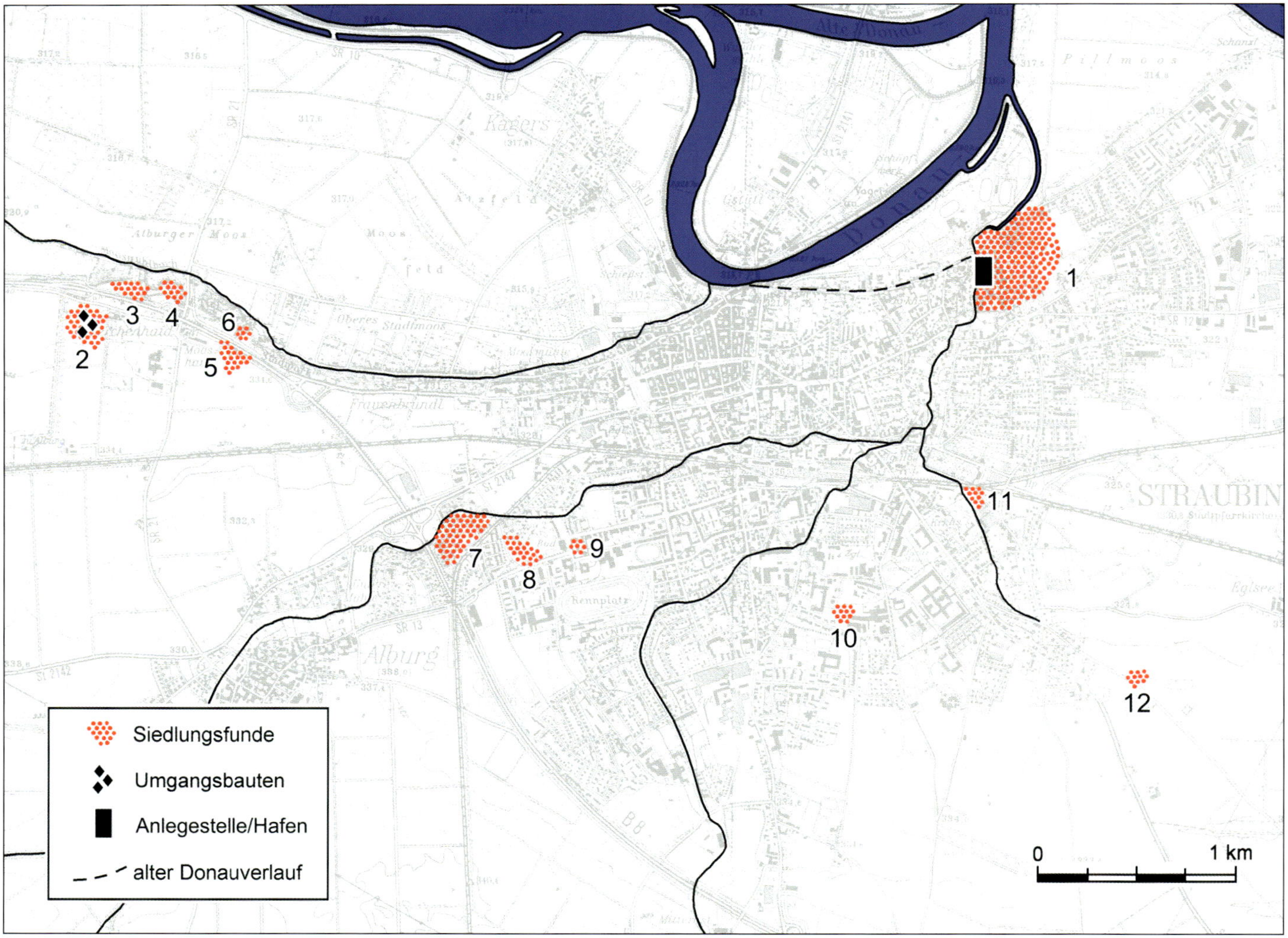

Abb. 5: Die spätlatènezeitliche Besiedlung Straubings. 1 Ostenfeld; 2 Lerchenhaid/Friedhof; 3-5 Lerchenhaid (Lesefundstellen); 6 Lerchenhaid/ Tierpark; 7 Bajuwarenstraße; 8 Lehmgrube Mayr; 9 „Kavalleriekaserne“; 10 „am neuen Gasbehälter“; 11 „bei St. Michael“; 12 Wasserwerk II.

der alten Allachbachmündung brachte nicht nur einen römischen Militärhafen, sondern darüber hinaus auch keltische Funde zum Vorschein.

Eine Befestigung wie in Manching wurde auf dem Ostenfeld bisher nicht nachgewiesen. Dennoch lassen sowohl die Menge und Qualität der spätlatènezeitlichen Funde – u.a. wurden Münzen und eine Feinwaage gefunden – als auch die verkehrsgünstige Lage des Platzes die Annahme zu, dass es sich auch hier um ein Oppidum handelt.

Die weiter westlich gelegene Siedlung in Lerchenhaid muss in der Spätlatènezeit ebenfalls eine besondere Bedeutung besessen haben. Dort wurden die Grundrisse großer hölzerner Umgangsbauten freigelegt, wie sie auch aus Manching und einigen keltischen „Viereckschanzen" bekannt sind. Ob es sich dabei um Tempel oder um repräsentative Gebäude einer reichen Oberschicht handelt, ist bislang noch nicht geklärt.

Die Siedlung von Lerchenhaid lag direkt an der Kante der Hochterrasse zur Donauaue mit einem weiten Blick über das Donautal und den Bayerischen Wald. In diesem Bereich verlief später die römische Donausüdstraße von Regensburg nach Passau. Wahrscheinlich existierte hier bereits in keltischer Zeit ein Fernweg, der die Straubinger Siedlungen mit anderen Zentren der spätlatènezeitlichen Oppidakultur verband. Es ist sehr gut vorstellbar, dass die Lerchenhaider Siedlung als Vorposten des Oppidums auf dem Ostenfeld die Fernhandelsroute im Westen überwachte.

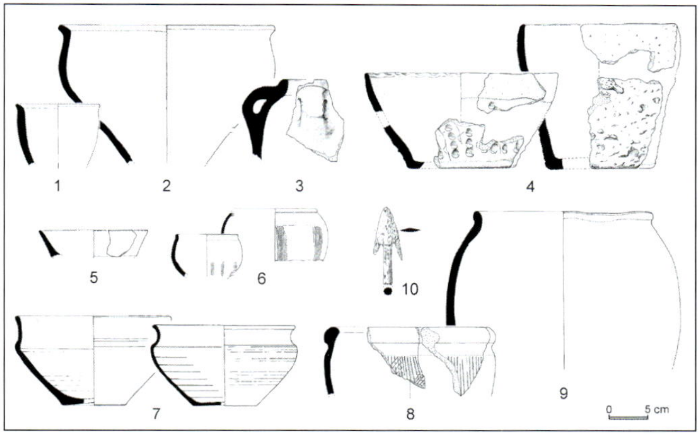

Abb. 6: Funde der späten Oppidazeit aus der Bajuwarenstraße und der Lehmgrube Mayr: 1 Gefäß im Stil der Przeworsk-Kultur; 2 elbgermanisches Trichtergefäß; 3 Henkel eines elbgermanischen Topfes; 4 Keramik in rhein-wesergermanischer Tradition; 5 Imitation einer römischen Schale; 6-9 Gefäße in keltischer Tradition; 10 eiserne Speerspitze.

Kleine ländliche Ansiedlungen wie in der Bajuwarenstraße profitierten von den weitreichenden Handelskontakten des Zentralortes an der Donau. Dies zeigt die Imitation eines italischen Tellers im Fundmaterial der Bajuwarenstraße, der aus ortsüblichem graphithaltigen Ton hergestellt worden war. Vorbild für dieses Gefäß waren aus dem römischen Bereich importierte Teller sogenannter campanischer Ware, wie sie im Oppidum von Manching gefunden wurden. Die Existenz eines solchen Stückes in der Bajuwarenstraße ist nur durch die enge Vernetzung ländlicher und überregional bedeutender Siedlungen zu erklären. Vermutlich wurde der Teller in einer zentral arbeitenden Werkstatt im Bereich des Ostenfeldes angefertigt und gegen landwirtschaftliche Produkte eingetauscht.

Im Laufe der Mittel- und älteren Spätlatènezeit fand also eine starke Differenzierung der Besiedlungsstruktur in Straubing statt, die wahrscheinlich in der Herausbildung eines Oppidums südlich der Donauschleife mündete. Die treibende Kraft war sicher der immer bedeutender werdende überregionale Handel mit Rohstoffen und möglicherweise auch landwirtschaftlichen Produkten, die gegen südländische Luxusgüter eingetauscht wurden. Wie in den vorangegangenen Abschnitten der keltischen Epoche bildeten auch in der Oppidazeit Ackerbau und Viehzucht die wirtschaftliche Grundlage der Straubinger Bevölkerung. Rinder waren immer noch die Hauptfleischlieferanten, allerdings nahm die Aufzucht von Schweinen in bedeutendem Maße zu. Auch in der Landwirtschaft zeichnet sich also eine Umstrukturierung ab. Die Bestattungssitten müssen sich ebenfalls gewandelt haben, denn aus dem 2. und 1. Jahrhundert v. Chr. sind uns aus Straubing keine Gräber überliefert. Insgesamt ergibt sich für das oppidazeitliche Straubing das Bild eines blühenden Zentrums an der Donau mit einem landwirtschaftlich geprägten, vom weitreichenden Handel profitierenden Hinterland.

Der Ruf Straubings muss weit über die Region hinaus gedrungen sein, denn um die Mitte des 1. Jahrhunderts v. Chr. wanderten erneut Bevölkerungsgruppen aus weit entfernten Gebieten ein. Die Zuwanderer ließen sich auf dem Gelände der Bajuwarenstraße und der östlich anschließenden Lehmgrube Mayr nieder. Ob das wanderungszeitliche Gehöft in der Bajuwarenstraße zu diesem Zeitpunkt noch bestand, ist nicht sicher. Unwahrscheinlich ist jedoch, dass die Zuwanderer die alteingesessenen Bewohner vertrieben. Vielmehr lässt das Fundmaterial den Schluss zu, dass die Neusiedler einen engen Kontakt mit der einheimischen Bevölkerung pflegten.

Ein großer Teil der spätlatènezeitlichen Tongefäße aus der Bajuwarenstraße weist Formen, Verzierungen und Herstellungsweisen auf, wie sie im keltisch-germanischen Kontaktgebiet der nördlichen Mittelgebirgszone üblich waren (Abb. 6, 1–4). Vor allem in Nordwestthüringen finden sich in Siedlungen des 1. Jahrhunderts v. Chr. Gefäßspektren, die dem der Bajuwarenstraße sehr ähnlich sind.

Auch eine Speerspitze aus der ehemaligen Lehmgrube Mayr (Abb. 6,10) ist eine typische Waffe des „germanischen" Nordens. Es ist deshalb wahrscheinlich, dass es sich bei den Neuankömmlingen um eine keltisch-germanische Mischbevölkerung aus dem thüringischen Mittelgebirgsraum handelt. Die Zuwanderer fanden jedoch bald Geschmack an dem Geschirr und vermutlich auch an den Tischsitten der einheimischen Bevölkerung. In den lokalen Töpfereien erwarben sie feine Drehscheibenkeramik, Kochtöpfe aus Graphitton und sogar die Imitation einer römischen Schale. Den größten Teil ihrer Gebrauchskeramik stellten sie aber selbst her. Auch Eisen- und Bronzegegenstände fertigten die neuen Bewohner der Bajuwarenstraße selbst. Dies wurde notwendig, denn wie überall im süddeutschen Oppidabereich kam es auch in Straubing zu einem langsamen Niedergang des Wirtschaftssystems und damit zur Auflösung zentral arbeitender Werkstätten.

Der Grund dafür war offenbar ein drastischer Rückgang des Rohstoffhandels in der zweiten Hälfte des 1. Jahrhunderts v. Chr. So wurden in dieser Zeit kaum noch Gefäße aus Passauer Graphitton hergestellt. In den Schmieden und Bronzegießereien des Manchinger Oppidums verwendete man wahrscheinlich aus Mangel an Rohmaterial vermehrt Altmetall. Auffällig ist auch, dass in Manching die zuvor zahlreich vorhandenen römischen Transportamphoren für Wein und Öl in der Spätphase fehlen. Der Handel mit dem Römischen Reich kam völlig zum Erliegen. Der Grund dafür war der Krieg, den Gaius Julius Caesar zwischen 58 und 51 v. Chr. in Gallien führte. Gemäß der Kommentare Caesars drängten immer wieder „Germanen" über den Rhein nach Westen. Möglicherweise waren aber auch einige der spätlatènezeitlichen Bewohner Straubings aktiv an den Vorgängen in Gallien beteiligt: Nur wenig östlich des Zentralortes auf dem Ostenfeld wurde in der Donau ein römischer Helm aus der Zeit um 50 v. Chr. gefunden. Dieser kann nur als Kriegstrophäe nach Straubing gelangt sein. Um die Rheingrenze nach Osten abzuriegeln, führte Caesar nicht nur blutige Schlachten, sondern verfolgte auch eine gezielte Bündnispolitik. Dadurch kam es in Gallien zu einer Verlagerung wirtschaftlicher Zentren ins Landesinnere. Verbindungen in die Gebiete östlich des Rheins wurden so unterbrochen und das weitreichende Handelsnetz, welches die Oppidakultur zur Blüte geführt hatte, schließlich zerstört.

In der zweiten Hälfte des 1. Jahrhunderts v. Chr. wanderte ein großer Teil der spätlatènezeitlichen Bevölkerung Süddeutschlands in Regionen ab, die von dem wirtschaftlichen Zusammenbruch weniger betroffen waren. Hier ist zum Beispiel die spätere römische Provinz Noricum östlich des Inns zu nennen, wo Tongefäße gefunden wurden, die ganz klar die Entwicklung der spätlatènezeitlichen Keramik Südostbayerns fortsetzen. In Straubing scheint aber zumindest eine Restbevölkerung ansässig geblieben zu sein. So stammen aus den römischen Kastellvici ebenfalls Gefäße in eindeutig keltisch-germanischer Tradition. Darüber hinaus lässt der aus römischer Zeit überlieferte Ortsname „Sorviodurum" auf ein Fortleben der keltischen Bevölkerung schließen.

BOIODURUM - DIE KELTEN IN PASSAU

Jörg-Peter Niemeier

Bevor die heute allgemein als Kelten bezeichneten, in unserem Raum lebenden Menschen im heutigen Stadtgebiet von Passau siedelten, war in erster Linie die Halbinsel zwischen Donau und Inn bereits seit mehreren Jahrtausenden zur Anlage von Siedlungen genutzt worden. Schon im Neolithikum bevorzugte man die günstigen Befestigungsmöglichkeiten auf der Halbinsel und die verkehrsgeographisch optimale Lage an den Flüssen und legte eine Handelsstation an.

Den Namen der keltischen Siedlung überliefern uns einige römische Quellen, allerdings erst um die Mitte des 2. nachchristlichen Jahrhunderts. So wissen wir nicht, ab welcher Zeit die keltische Siedlung den Namen Boiodurum trug. Der Name Boiodurum ist zweifelsfrei keltischen Ursprungs. Boiodurum setzt sich aus dem Eigennamen Boios und -durum zusammen, letzteres ist dem irischen dor = Tor, Tür verwandt. -durum weist also auf eine befestigte Siedlung hin. So dürfen wir aus dem Namen schließen, dass es sich bei der spätkeltischen Anlage auf der Donauhalbinsel um ein Oppidum handelte, wenn dies auch archäologisch bisher nicht bewiesen ist. Den Namen übertrugen die Römer auf eines ihrer Kastelle mit der dazugehörigen Zivilsiedlung. Dies weist u.a. auf eine Siedlungskontinuität hin.

Spärliche Hinweise für früheste keltische Besiedlung in der Hallstattzeit liefert – neben einigen Keramikfragmenten aus der Innstadt und einem Flußfund aus der Donau in Form eines Raupenarmringes – ein Brandgrab auf dem südlich des Inn gelegenen Kühberg. Auch in der weiteren Umgebung von Passau gibt es nur ganz wenige Funde aus der Hallstattzeit. Zu nennen sind hier die Fußringe von Auham (Landkreis Rottal-Inn). Die jüngeren Abschnitte der Keltenzeit sind durch wesentlich zahlreichere Funde und Befunde für Passau und seine Umgebung belegt. Den wichtigsten Befund zur Besiedlung in der Frühlatènezeit lieferte eine 1999/2000 durchgeführte Grabung der Passauer Stadtarchäologie im Seminargarten auf dem Domberg. Der Domberg liegt im hochwasserfreien Bereich, bildet von der sog. Römerwehr bis zum heutigen Dom ein Plateau und bot damals einen natürlichen Schutz nach Süden, durch das abfallende Gelände ebenso wie durch den Inn. Im Norden bildete die Donau das entsprechende Pendant. Die exponierte Lage dieses Platzes darf als Keimzelle des heutigen Passau angesehen werden. Zwar hat hier schon 1918 Paul Reinecke gegraben, jedoch kam er zu anderen Datierungen als die jüngste Untersuchung der Stadtarchäologie.

Die Grabung von 1999/2000 erbrachte den Teil einer Abschnittsbefestigung in Form eines Holzerdewerkes mit einer Trockenmauer. Diese Abschnittsbefestigung ging möglicherweise bei einer kriegerischen Auseinandersetzung in Flammen auf. Zwei C 14 -Messungen liefern uns ein kalibriertes Zeitintervall von 480 bis 380/70 für die Erbauungszeit dieses Kastenwerkes. Nach der Brandkatastrophe gab man die Siedlung auf dem Domberg keineswegs auf, sondern errichtete erneut ein hölzernes Kastenwerk über der verbrannten Abschnittsbefestigung. Diesen Neubau kann man anhand der mitgefundenen Keramik nicht genauer als späthallstatt/frühlatènezeitlich datieren. Lediglich die naturwissenschaftliche Untersuchung der verbrannten Abschnittsbefestigung liefert einen Terminus post quem für die Wiedererrichtung.

Was die beiden Kastenwerke der Frühlatènezeit schützten, läßt sich ohne weitere Grabungen nicht beantworten Die wie auch immer geartete Ansiedlung dürfte auf Grund ihrer Datierung eine Verbindung mit den Salzbergwerken von Hallein gehabt haben.

In der Umgebung von Passau lassen sich bisher nur Funde der Stufe Latène B2 und C1 (ab 330 vor Chr.) nachweisen. Bekannt ist hier vor allen Dingen das mittellatènezeitliche

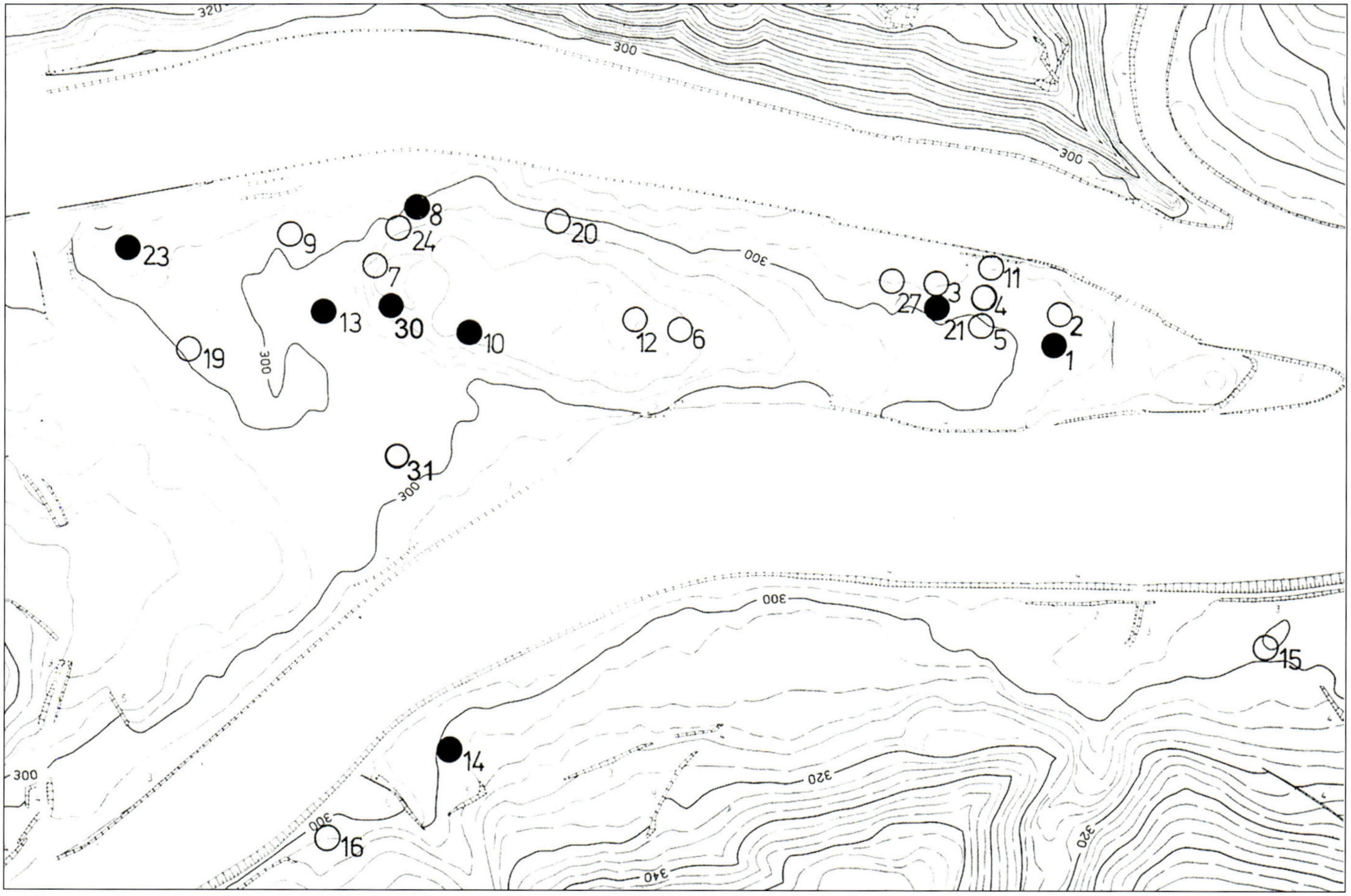

Abb.1: Latènezeitliche Fundstellen im Passauer Altstadtbereich. Vollsymbol = Befund; Leersymbol = Lesefund. Den Plänen liegen Höhenlinien- und Gewässerkarten des Bayer. Landesvermessungsamtes München zugrunde. M. 1:10000 (nach E. Bayer-Niemeier)

Frauengrab aus Sulzbach am Inn. Die mittellatènezeitliche Periode in Passau ist vertreten mit dem Bruchstück eines Bronzehohlbuckelringes, der 1955 aus der Donau gebaggert wurde.

Die günstige topographische Situation mit dem natürlichen Schutz sowie die exzellente Verbindung durch die Flüsse veranlasste auch die Menschen der Spätlatènezeit, sich auf der Donauhalbinsel niederzulassen (Abb. 1). Wie in der Frühlatènezeit hatte man über Inn und Salzach einen direkten Zugang zu den Salzvorkommen in den Alpen. Nordöstlich von Passau in der Gegend von Kropfmühl (5 km südlich von Hauzenberg, Lkr. Passau) gelegen, gewann man Graphit und Graphitton zur Produktion von feuerfestem und wärmeleitendem Geschirr: Ein idealer Standort für ein prosperierendes Gemeinwesen in der Vorgeschichte.Der Handel mit Keramik, Graphit, Graphitton und dem archäologisch nicht nachgewiesenen Salz und sicher auch noch anderen Waren bescherte dem Oppidum von Passau eine überregionale Bedeutung.

Befunde und Funde konzentrieren sich im Altstadtbereich,

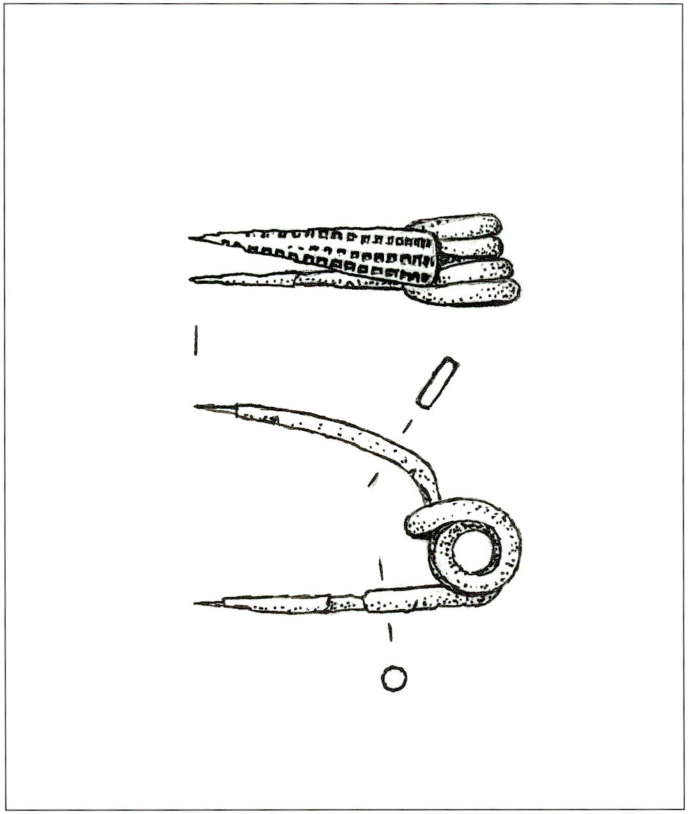

Abb. 2: Passau, Seminargarten. Nauheimer Fibel, Bronze. 2. Hälfte 2. Jahrh. v. Chr. M. 1:1 (nach A. v. Krieglstein-Bender)

Abb. 3: Passau, Ludwigstr. Spätlatènezeitliche Flasche, Höhe 23cm (Foto J.-P. Niemeier)

die spätkeltische Siedlung erstreckte sich von der Ortsspitze über den Domberg (Abb. 2), den Neumarkt bis zum heutigen Schanzlparkhaus, entlang der Nikolastraße. Das keltische Oppidum des 2./1. Jahrh. v. Chr. erreichte also bereits die Größe des mittelalterlichen Passau des 12./13. Jahrhunderts.Die wenigen Befunde, kleine Gräbchen, Gruben oder Pfostenlöcher, geben über die Strukturierung der spät-latènezeitlichen Besiedlung keine Auskunft. Wichtig erscheint dabei eine Grube in der Ludwigstraße, aus der eine annähernd vollständig erhaltene Flasche stammt (Abb. 3). Diese Grube belegt vor allen Dingen, dass Passau, wie immer wieder vermutet wurde, keine Insellage hatte. Darüber hinaus treten Funde in der Innstadt, aber auch nördlich der Donau auf. Sie weisen auf möglicherweise landwirtschaftliche Anwesen hin. Die tatsächliche Ausdehnung des keltischen Oppidums ist immer noch nicht geklärt. Sie dürfte aber mit den zahlreichen Streufunden und den wenigen Befunden annähernd ermittelt worden sein.

Nach den Datierungen der Keramik gaben die Siedler der Spätlatènezeit um 50/40 v. Chr. ihr Oppidum Boiodurum auf. Den Grund kennen wir nicht. Dieses Phänomen ist allerdings nicht auf Passau beschränkt, auch in anderen keltischen Oppida, wie in weiteren Ansiedlungen in Bayern bricht die Spätlatènezivilisation mit dem Ende der Stufe D1 ab.

Das Umland von Passau zeigt in der Spätlatènezeit ähnlich wie die heutige Stadt Passau einen enormen Zuwachs an Funden und Befunden. Die Region Passau war relativ dicht besiedelt. An Siedlungsbefunden kennen wir zahlreiche Viereckschanzen. Das Fundmaterial besteht vor allen Dingen aus Keramik, Feinkeramik, Gebrauchskeramik, Graphittonkeramik, Metall, Münzen und Glas. Auch hier endet die Besiedlung um 50/40 v. Chr. Möglicherweise bestand kein Interesse mehr an einer Besiedlung, da das Oppidum Passau keine Handelsfunktion mehr hatte. Zu den Fundplätzen der römischen Kaiserzeit ist archäologisch weder in Stadt noch Umland eine Kontinuität nachgewiesen worden. Sie ist aber wegen der Namenskontinuität, wegen der Übernahme von Stammesnamen in die Organisation der Civitates und wegen der Platzkontinuität äußerst wahrscheinlich.

VERWENDETE UND WEITERFÜHRENDE LITERATUR

Die Ausgrabungen in Manching, 1–16 (Wiesbaden und Stuttgart 1970–2005)

Assmann 1997
J. Assmann, Das kulturelle Gedächtnis. Schrift, Erinnerung und politische Identität in frühen Hochkulturen (München 1997)

Becker 1996
H. Becker, Komplexe Grabenwerke der Hallstattzeit. In: Luftbildarchäologie und Geophysik. Arbeitsh. Bayer. Landesamt Denkmalpfl. 58 (München 1996) 159 ff.

Berg-Hobohm 2002/2003
St. Berg-Hobohm, Umfriedete Höfe der Hallstattzeit in Bayern. Aktueller Forschungsstand zu den Herrenhöfen und den zeitgleichen rechteckigen Grabenwerken. Ber. Bayer. Bodendenkmalpfl. 43/44, 2002/2003, 161 ff.

Biel – Rieckhoff 2001
J. Biel / S. Rieckhoff, Die Kelten in Deutschland (Stuttgart 2001)

Biel – Krausse 2005
J. Biel / D. Krausse, Frühkeltische Fürstensitze. Älteste Städte und Herrschaftszentren nördlich der Alpen? Internationaler Workshop zur keltischen Archäologie in Eberdingen-Hochdorf 12. u. 13. September 2003. Arch. Inf. Baden-Württemberg 51 (Esslingen 2005)

Birkhan 1997
H. Birkhan, Die Kelten (Wien 1997)

Bittel – Rieth 1951
K. Bittel / A. Rieth, Die Heuneburg an der oberen Donau (Stuttgart/Köln 1951)

Bittel – Kimmig – Schiek 1981
K. Bittel / W. Kimmig / S. Schiek (Hrsg.), Die Kelten in Baden-Württemberg (Stuttgart 1981)

Bittel – Müller – Schiek 1990
K. Bittel / S. Schiek / D. Müller, Die keltischen Viereckschanzen. Atlas archäologischer Geländedenkmäler in Baden-Württemberg 1 (Stuttgart 1990)

Brunaux – Meniel – Poplin 1985
J.-L. Brunaux / P. Meniel / F. Poplin, Gournay I. Les fouilles sur le sanctuaire et l'oppidum (1975-1984). Revue Archéologique de Picardie, 1985.

Brunaux – Rapin 1988
J.-L. Brunaux / A. Rapin, Gournay II. Boucliers et Lances. Dépots et Trophhées. Revue Archéologique de Picardie, 1988.

Brunnhuber 1962
U. Brunnhuber, Fundbericht: Passau-Innstadt, Kühberg. BVbl 27, 1962, 221.

Cain – Rieckhoff (Hrsg.) 2002
H. Cain / S. Rieckhoff (Hrsg.), Fromm-Fremd-Barbarisch: die Religion der Kelten (Mainz am Rhein 2002)

Christlein 1982
R. Christlein, Zu den jüngsten keltischen Funden Südbayerns. Bayer. Vorgeschbl. 47, 1982, 275 ff.

Cunliffe 1996
B. Cunliffe, Die Kelten und ihre Geschichte (Bergisch Gladbach 1996)

Daim 1976
F. Daim, Ein Flachgrab der jüngeren Hallstattzeit aus Langenlebarn, p. B. Tulln, NÖ, Arch. Austriaca 59/60, 1976, 127 ff.

Dannheimer – Gebhard 1993
H. Dannheimer / R. Gebhard (Hrsg.), Das keltische Jahrtausend. Ausstellungskatalog Rosenheim (Mainz 1993)

Düwel – Jakuhn - Siems 1985
K. Düwel / H. Jakuhn / H. Siems / D. Timpe (Hrsg.), Untersuchungen zu Handel und Verkehr der vor- und frühgeschichtlichen Zeit in Mittel- und Nordeuropa. Abhandl. Akad. Wiss. Göttingen, Phil.-Hist. Klasse, 3. Folge 143 (Göttingen 1985)

Egg 1996
M. Egg, Zu den Fürstengräbern im Osthallstattkreis. In: E. Jerem / A. Lippert (Hrsg.), Die Osthallstattkultur.

Symposium Sopron 10. – 14. Mai 1994. Archaeolingua 7, 1996, 53 ff.

Eibner – Lauermann – Nebelsick – Neugebauer 1997
A. Eibner / E. Lauermann / L. D. Nebelsick / J. W. Neugebauer, Hallstattkultur im Osten Österreichs. Wiss. Schriftenreihe NÖ 106/107/108/109, 1997.

Filip 1969
J. Filip, Enzyklopädisches Handbuch zur Ur- und Frühgeschichte Europas, Band II (Prag 1969)

Fischer 1973
F. Fischer, Keimelia. Bemerkungen zur kulturgeschichtlichen Interpretation des sogenannten Südimports in der späten Hallstatt- und frühen Latènezeit des westlichen Mitteleuropa, Germania 51, 1973, 436 ff.

Freeden – Schnurbein 2002
U. v. Freeden / S. v. Schnurbein (Hrsg), Spuren der Jahrtausende. Archäologie und Geschichte in Deutschland (Stuttgart 2002)

Frey 1966
O.-H. Frey, Der Ostalpenraum und die antike Welt in der frühen Eisenzeit, Germania 44, 1966, 48 ff.

Frey 1969
O. H. Frey, Die Entstehung der Situlenkunst. Studien zur figürlichen Toreutik aus Este. Röm.-Germ. Forsch. 31, 1969.

Frey 1980
O. H. Frey, Werke der Situlenkunst. In: Die Hallstattkultur, Frühform europäischer Einheit, 1980, 138 ff.

Gebhard 1989
R. Gebhard, Der Glasschmuck aus dem Oppidum von Manching. Die Ausgrabungen in Manching Bd. 11 (Stuttgart 1989)

Gebhard – Hahn – Sievers 1998
R. Gebhard / E. Hahn / S. Sievers, Vorbericht über die Ausgrabungen 1996–1997 im Oppidum von Manching. Germania 76, 1998, 619 ff.

Gebhard – Leicht - Sievers
R. Gebhard / M. Leicht / S. Sievers, Vorbericht über die Ausgrabungen 1998–1999 im Oppidum von Manching. Germania 78, 2000, 355 ff.

Gersbach 1989
E. Gersbach, Ausgrabungsmethodik und Stratigraphie der Heuneburg. Heuneburgstud. VI = Röm.-Germ. Forsch. 45, 1989.

Gersbach 1995
E. Gersbach, Baubefunde der Perioden IVc-IVa der Heuneburg. Heuneburgstud. IX = Röm.-Germ. Forsch. 53, 1995.

Gersbach 1996
E. Gersbach, Baubefunde der Perioden IIIb-Ia der Heuneburg. Heuneburgstud. X = Röm.-Germ. Forsch. 56, 1996.

Gersbach 1999
E. Gersbach, Bemerkungen zu einer Fibel der frühen Latènezeit von der Heuneburg bei Herbertingen-Hundersingen, Kr. Sigmaringen. Fundber. Baden-Württemberg 23, 1999, 109 ff.

Glüsing 1964/1965
P. Glüsing, Frühe Germanen südlich der Donau. Zur ethnischen Deutung der spätlatènezeitlichen Grabfunde von Uttenhofen und Kronwinkl in Niederbayern. Offa 21/22, 1964/1965, 7 ff.

Green 1998
M. J. Green, Die Druiden. Die Welt der keltischen Magie (Düsseldorf 1998)

Haffner (Hrsg.) 1995
A. Haffner (Hrsg.), Heiligtümer und Opferkulte der Kelten (Stuttgart 1995)

Hofeneder 2005
A. Hofeneder, Die Religion der Kelten in den antiken literarischen Zeugnissen, Band I: Von den Anfängen bis Caesar (2005)

Hüssen 2000
C.-M. Hüssen, Endlatènezeitliche Fundstellen im oberbayerischen Donauraum. Ber. RGK 81, 2000, 235 ff.

Hüssen - Irlinger – Zanier 2004
C. M. Hüssen / W. Irlinger / W. Zanier (Hrsg.), Spätlatènezeit und frühe römische Kaiserzeit zwischen Alpenrand und Donau. Akten des Kolloquiums in Ingolstadt am 11. und 12. Oktober 2001. Römisch-Germanische Kommission, Frankfurt a. M., u. Eurasien-Abteilung, Berlin des Deutschen Archäologischen Instituts. Kolloquien zur Vor- und Frühgeschichte 8 (Bonn 2004)

Irlinger 1996
W. Irlinger, Viereckschanze und Siedlung – Überlegungen zu einem forschungsgeschichtlichen Problem anhand ausgewählter südbayerischer Fundorte. In: Festschrift für Otto-Hermann Frey zum 65. Geburtstag (Marburg/Lahn 1996) 307 ff.

Irlinger 1996
W. Irlinger, Ergänzungen durch 15 Jahre Luftbildarchäologie zur Identifizierung und Verbreitung der spätkeltischen Viereckschanzen in Niederbayern und der südlichen Oberpfalz. In: K. Schmotz (Hrsg.), Vorträge des 14. Niederbayerischen Archäologentages (Deggendorf 1996) 55 ff.

Irlinger 2002
W. Irlinger, 20 Jahre Hallstatt- und Latèneforschung im östlichen Bayern – Ein Überblick von 1980 bis 2000. In: K. Schmotz (Hrsg.), Vorträge des 20. Niederbayerischen Archäologentages (Rahden/Westf. 2002) 293 ff.

Irlinger 2003
W. Irlinger, Zur Frage der Kontinuität von der Spätlatènezeit in die frühe römische Kaiserzeit im östlichen Ober- und Niederbayern. In M. Chytracek / J. Michálek, K. Schmotz (Hrsg.), Archäologische Arbeitsgemeinschaft Ostbayern/West- und Südböhmen (2003) 185ff.

Irlinger – Raßhofer 1998
W. Irlinger/ G. Raßhofer, Archäologische Fundlandschaften im Wandel. Beitr. Arch. Oberpfalz 2, 1998, 11 ff.

Irlinger – Raßhofer 2001
W. Irlinger / G. Raßhofer, Ein „Herrenhof" der Späthallstatt-/ Frühlatènezeit im Naabtal bei Teublitz, Lkr. Schwandorf. Beitr. Arch. Oberpfalz 5, 2001, 141 ff.

Irlinger – Schmotz 1999
W. Irlinger - K. Schmotz, Keltische Grabfunde. Archäologische Denkmäler Landkreis Deggendorf 11 (Deggendorf 1999)

Irlinger – Neumann-Eisele 2005
W. Irlinger / P. Neumann-Eisele (Hrsg.), Viereckschanzen. Rätselhafte Bauwerke der Kelten. Stand der Viereckschanzenforschung in Bayern und Baden-Württemberg. Kolloquium Kelheim. Kelheimer Museumshefte 8 (Kelheim 2005)

Katalog 1980
Die Kelten in Mitteleuropa. Kultur, Kunst, Wirtschaft (Salzburg 1980)

Kerth – Tappert 2002
K. Kerth / C. Tappert, Die Tierknochen von späthallstatt- und latènezeitlichen Fundstellen in Straubing (Niederbayern), Bayer. Vorgeschbl. 67, 2002, 176 ff.

Kimmig 1983
W. Kimmig, Die griechische Kolonisation im westlichen Mittelmeergebiet und ihre Wirkung auf die Landschaften des westlichen Mitteleuropa. Erste Theodor Mommsen Vorlesung 1982. Jahrbuch RGZM 30, 1983, 5 ff.

Kimmig 1969
W. Kimmig, Zum Problem späthallstattzeitlicher Adelssitze. In: K. H. Otto / J. Herrmann (Hrsg.), Siedlung, Burg und Stadt. Studien zu ihren Anfängen. Festschr. Paul Grimm. Dt. Akad. Wiss. Berlin Schr. Sektion Vor- u. Frühgesch. 25 (Berlin 1969) 95 ff.

Kimmig 1983
W. Kimmig, Die Heuneburg an der oberen Donau. Führer arch. Denkmäler Baden-Württemberg 1 (Stuttgart ²1983).

Kimmig 2000
W. Kimmig (Hrsg.), Importe und mediterrane Einflüsse auf der Heuneburg. Heuneburgstud. XI = Röm.-Germ. Forsch. 59, 2000.

Klein 1999
F. Klein, Riedlingen, Kr. Biberach. In: G. Wieland (Hrsg.) Keltische Viereckschanzen. Einem Rätsel auf der Spur (Stuttgart 1999) 153 ff.
Krämer 1981
W. Krämer, Reicher keltischer Ringschmuck des 3. Jahrhunderts v. Chr. aus Straubing-Alburg, Niederbayern. Das Archäologische Jahr in Bayern 1981
Krämer 1985
W. Krämer, Die Grabfunde von Manching und die latènezeitlichen Flachgräber in Südbayern. Ausgrabungen Manching 9 (Stuttgart 1985)
Krämer 1993
W. Krämer, Sind die Bayern keltischer Abstammung? In: H. Dannheimer / R. Gebhard (Hrsg.), Das keltische Jahrtausend. Ausstellungskatalog Prähist. Staatssammlung 23 (1993) 249 f.
Krause – Wieland 1993
R. Krause / G. Wieland, Eine keltische Viereckschanze bei Bopfingen am Westrand des Rieses. Germania 71, 1993, 59 ff.
Kromer 1986
K. Kromer, Das östliche Mitteleuropa in der frühen Eisenzeit (7. – 5. Jh. v. Chr.), seine Beziehungen zu Steppenvölkern und antiken Hochkulturen. Vierte Theodor Mommsen Vorlesung 1985. Jahrbuch RGZM 33, 1986, 1 ff.
Kromer 1989
K. Kromer, Zur Hallstattkultur. In:, Die Hallstattzeit im Raum Stockerau, 1989, 5 ff.
Kromer – Pescheck 1957
K. Kromer / Ch. Pescheck, Die hallstattzeitlichen Grabhügel in Niederösterreich und im Burgenland. Mitt. Anthr. Ges. Wien 87, 1957, 53 ff.
Kuckenberg 2004
M. Kuckenberg, Die Kelten in Mitteleuropa (Stuttgart 2004)
Kurz 2000
S. Kurz, Die Heuneburg-Außensiedlung. Befunde und Funde. Forsch. u. Ber. Vor- u. Frühgesch. Baden-Württemberg 72, 2000.
Lauermann 1990
E. Lauermann, Ein Grabhügel der Hallstattkultur, neolithische Siedlungsgruben und frühmittelalterliche Körpergräber aus Unterparschenbrunn, Gem. Sierndorf, Niederösterreich. Arch. Austriaca 74, 1990, 33 ff.
Lauermann 1996
E. Lauermann, Stehen die Riesengrabhügel im Weinviertel Niederösterreichs im Zusammenhang mit einem Fürstensitz? In: E. Jerem / A. Lippert (Hrsg.), Die Osthallstattkultur. Symposium Sopron 10. – 14. Mai 1994, Archaeolingua 7, 1996, 235 ff.
Leidorf 1996
K. Leidorf, Herrenhöfe, Bauernhöfe und Tempelbezirke der frühen Eisenzeit. In: Luftbildarchäologie und Geophysik. Arbeitsh. Bayer. Landesamt Denkmalpfl. 58 (München 1996) 143 ff.
Lejars 1994
T. Lejars, Gournay III. Les Fourreaux D`épée. Le sanctuaire de Gournay-sur-Aronde et l`armement des Celtes de La Tène moyenne, Archeologie Aujourd`hui, 1994.
Lüscher 2004
G. Lüscher / F. Müller, Die Kelten in der Schweiz (Stuttgart 2004)
Maier 2001
B. Maier, Die Religion der Kelten. Götter-Mythen-Weltbild (München 2001)
Maier 2001
F. Maier, Eiche und Efeu. Zu einer Rekonstruktion des Kultbäumchens von Manching. Germania 79, 2001, 297 ff.
Menghin – Planck 2002
W. Menghin / D. Planck (Hrsg.), Menschen – Zeiten – Räume. Arch. Deutschland, 2002, 188 ff.
Michálek 1993
J. Michálek, Latènezeitliche Funde aus dem Stadtbereich von Passau. Passauer

Universitätsschriften zur Archäologie 1, 1993.
Mielke – Tappert 1998
D. Mielke / C. Tappert, Eine kleine syrische Situla aus frühkeltischer Zeit. Jahresber. Hist. Ver. Straubing 99, 1997 (1998), 15 ff.
Möslein, 2002
S. Möslein, Zur Untersuchung einer spätkeltischen Fundstelle bei Straubing-Lerchenhaid. Jahresbericht des Historischen Vereins für Straubing und Umgebung 102, 2000 (2002), 103 ff.
Much 1878
M. Much, Neu aufgefundene prähistorische Bau-Denkmäler in Niederösterreich. Mitt. K. K. Zentralkomm. Denkmalpfl., 1878, 78 f.
Müller 2002
F. Müller, Götter-Gaben-Rituale, Religion in der Frühgeschichte Europas (Mainz am Rhein 2002)
Müller-Depreux 2005
A. Müller-Depreux, Die hallstatt- und frühlatènezeitliche Siedlung „Erdwerk I" von Niedererlbach, Landkreis Landshut. Materialh. Bayer. Vorgesch. A 87, 2005.
Nagler-Zanier 1999
C. Nagler-Zanier, Das Projekt Geiselhöring-Süd Teil II. Die hallstattzeitliche Siedlung mit Grabenanlage von Geiselhöring, Niederbayern. Arbeiten Arch. Süddeutschland 7 (Büchenbach 1999)
Niemeier 1992
J.-P. Niemeier, Das keltische Oppidum. In: J.-P. Niemeier / W. Wandling (Hrsg.), Geschichte aus der Baugrube, Neue Ausgrabungen und Funde in der Region Passau 1987-1991 (1992) 14 ff.
Niemeier 1997
J.-P. Niemeier, Die vorrömischen Fundstellen im Passauer Stadtgebiet. Ostbair. Grenzmarken 39, 1997, 201 ff.
Niemeier 1999
J.-P. Niemeier, Das Stadtgebiet und sein Umland in der Vorgeschichte. In: E. Boshof (Hrsg.), Geschichte der Stadt Passau (1999 [2003]), 17 ff..
Niemeier 2002
J.-P. Niemeier, Auf den Spuren Paul Reineckes...: Grabungen auf dem Altstadthügel in Passau II. In: K. Schmotz (Hrsg.), Vorträge des 20. Niederbayerischen Archäologentages, 2002, 67 ff.
Niemeier 2003
J.-P. Niemeier, Boiodurum – Keltisches Oppidum und römische Siedlung. In: M. Chytracek / J. Michalek / K. Schmotz (Hrsg.), Archäologische Arbeitsgemeinschaft Ostbayern/West- und Südböhmen (2003) 196 ff.
Neugebauer 1992
J. W. Neugebauer, Die Kelten im Osten Österreichs. Wissenschaftliche Schriftenreihe Niederösterreichs (St. Pölten-Wien 1992)
Pape 2000
J. Pape, Die attische Keramik der Heuneburg und der keramische Südimport in der Zone nördlich der Alpen während der Hallstattzeit. In: W. Kimming (Hrsg.), Importe und mediterrane Einflüsse auf der Heuneburg. Heuneburgstudien XI (Mainz 2000) 71 ff.
Pätzold 1983
J. Pätzold, Die vor- und frühgeschichtlichen Geländedenkmäler Niederbayerns. Materialh. Bayer. Vorgeschbl. 2 (Kallmünz/Opf. 1983)
Pauli 1974
L. Pauli, Der goldene Steig. Wirtschaftsgeographisch – archäologische Untersuchungen im östlichen Mitteleuropa. In: Festschrift Joachim Werner (München 1974) 115 ff.
Polz 1991
W. Polz, Geologisch-mineralogische Untersuchungen an Keramikfunden aus Passau von der Latène- bis zur Neuzeit. unveröff. Dissertation (München 1991)
Prammer 1988
J. Prammer, Der römische Donauhafen von Straubing-Sorviodurum. Vorträge des Niederbayerischen Archäologentags 6 (Deggendorf 1988) 149 ff.
Preinfalk 2003
F. Preinfalk, Die hallstattzeitlichen Hügelgräber von

Langenlebarn, Niederösterreich. Fundber. Österreich Materialheft A 12, 2003.
Raßhofer 2004
G. Raßhofer, Velburg – eine hallstattzeitliche Siedlung im Oberpfälzer Jura. In: M. Chytracek / J. Michalek / K. Schmotz (Hrsg.), Archäologische Arbeitsgemeinschaft Ostbayern/West- und Südböhmen. 13. Treffen 25. bis 27. Juni 2003 Pfreimd (Rahden/Westf. 2004) 70 ff.
Reichenberger 1988
A. Reichenberger, Temenos – Templum – Nemeton –Viereckschanze. Bemerkungen zu Namen und Bedeutung. Jahrb. RGZM 35, 1988 (1991) 285 ff.
Reichenberger 1994
A. Reichenberger, „Herrenhöfe" der Urnenfelder- und Hallstattzeit. In: P. Schauer (Hrsg.), Archäologische Untersuchungen zum Übergang von der Bronze- zur Eisenzeit zwischen Nordsee und Kaukasus. Regensburger Beitr. Prähist. Arch. 1 (Regensburg 1994) 187 ff.
Reichenberger – Schaich 1996
A. Reichenberger / M. Schaich, Vorbericht zur Ausgrabung der Viereckschanze von Plattling-Pankofen, Lkr. Deggendorf. In: K. Schmotz (Hrsg.) Vorträge des 14. Niederbayerischen Archäologentages (Rahden/Westf. 1996) 83 ff.
Reinecke 1919
P. Reinecke, Grabungen auf dem Altstadthügel in Passau. Germania 3, 1919, 57 ff.
Reinecke 1951
P. Reinecke, Ein frühkaiserzeitlicher Helm aus der Donau bei Straubing. Germania 29, 1951, 37 ff.
Rieckhoff/Biel 2001
S. Rieckhoff, J. Biel, Die Kelten in Deutschland. Stuttgart 2001.
Rieckhoff 2002
S. Rieckhoff, Kultort-Versammlungsplatz-Stadt. Arch. Deutschland 5, 2002, 25 ff.
Schaich 2000
M. Schaich, Zur Rekonstruktion der Bebauung spätkeltischer Viereckschanzen. In: M. Chytracek / J. Michalek / K. Schmotz (Hrsg.) Archäologische Arbeitsgemeinschaft Ostbayern/West- und Südböhmen. 9. Treffen 23. bis 26. Juni 1999 Neukirchen b. Hl. Blut (Rahden/Westf. 2000) 121 ff.
Schaich – Watzlawik 1996
M. Schaich / S. Watzlawik, Die spätkeltische Viereckschanze von Hartkirchen, Stadt Pocking, Landkreis Passau, Niederbayern. Arch. Jahr Bayern 1996, 104 ff.
Schmalzbauer 2004
L. Schmalzbauer, Untersuchungen zur Rekonstruktion der hallstattzeitlichen Siedlungslandschaft im Tal der Kleinen Laber. In: M. Chytracek / J. Michalek / K. Schmotz (Hrsg.), Archäologische Arbeitsgemeinschaft Ostbayern/ West- und Südböhmen. 13. Treffen 25. bis 27. Juni 2003 Pfreimd (Rahden/Westf. 2004) 205 ff.
Schefzik 2001
M. Schefzik, Die bronze- und eisenzeitliche Besiedlungsgeschichte der Münchner Ebene. Eine Untersuchung zu Gebäude- und Siedlungsformen im süddeutschen Raum. Internat. Arch. 68 (Rahden/Westf. 2001)
Schier 1998
W. Schier, Fürsten, Herren, Händler? Bemerkungen zu Wirtschaft und Gesellschaft der westlichen Hallstattkultur. In: Festschrift für Georg Kossack (Bonn 1998) 493 ff.
Schmotz 1986
K. Schmotz, Ein hallstattzeitliches Gräberfeld in Oberpöring, Lkr. Deggendorf. Ndb. Ausgrabungen und Funde in Altbayern 1985/86. Kat. Gäubodenmus. Straubing 9,1986, 45 ff.
Schmotz 1987
K. Schmotz, Passauer Rohgraphit aus einer Siedlung der Spätlatènezeit in Stephansposching, Lkr. Deggendorf. Ostbair. Grenzmarken 29, 1987, 202-204.
Schmotz 1994
K. Schmotz, Hallstattzeitliche Grabenwerke im Landkreis Deggendorf. In: M. M. Rind / K. Schmotz / M. Zápotocká

(Hrsg.), Archäologische Arbeitsgemeinschaft Ostbayern/ West- und Südböhmen. 3. Treffen 16. bis 19. Juni 1993 in Kelheim. Resümees der Vorträge (Buch am Erlbach 1994) 48 ff.
Schmotz 1997
K. Schmotz, Neufunde spätkeltischer Töpferöfen in Künzing und Osterhofen-Schmiedorf, Lkr. Deggendorf. In: K. Schmotz (Hrsg.), Vorträge des 15. Niederbayerischen Archäologentages (Rahden/Westf. 1997) 229 ff.
Schmotz 1999
K. Schmotz, Eisenzeitliche Grabfunde aus Künzing – Neue Erkenntnisse zur Belegung des großen urnenfelder- und hallstattzeitlichen Bestattungsplatzes. In: K. Schmotz (Hrsg.), Vorträge des 17. Niederbayerischen Archäologentages (Rahden/Westf. 1999) 129 ff.
Schmotz 2002 a
K. Schmotz, Eine neue spätkeltische Viereckschanze bei Fehmbach, Gde. Stephansposching, Lkr. Deggendorf. In: K. Schmotz (Hrsg.), Vorträge des 20. Niederbayerischen Archäologentages (Rahden/Westf. 2002) 35 ff.
Schmotz 2002 b
K. Schmotz, Ein hallstattzeitliches Schwertgrab von Oberpöring, Landkreis Deggendorf, Niederbayern. In: P. Čech / Z. Smrž (Hrsg.), Sborník Drahomíru Kouteckému. Beitr. Ur- u. Frühgesch. Nordwestböhmens 9 (Most 2002) 209 ff.
Schopper 1995
F. Schopper, Das urnenfelder- und hallstattzeitliche Gräberfeld von Künzing, Lkr. Deggendorf, Niederbayern. Mat. Bronzezeit Bayern 1 (Regensburg 1995)
Schwarz 1959
K. Schwarz, Atlas der spätkeltischen Viereckschanzen Bayerns (München 1959)
Schwarz 1971
K. Schwarz, Ein Bezirk keltischer Heiligtümer an der mittleren Isar bei Holzhausen und Deisenhofen. In: Führer zu vor- und frühgeschichtlichen Denkmälern 18 (Mainz 1971) 258 ff.
Schwarz – Wieland 2005
K. Schwarz / G. Wieland, Die Ausgrabungen in der Viereckschanze 2 von Holzhausen. Frühgesch. und provinzialrömische Arch. Mat. und Forsch. 7 (Rahden/ Westf. 2005)
Sievers 1984
S. Sievers, Die Kleinfunde der Heuneburg. Die Funde aus den Grabungen von 1950-1979. Heuneburgstud. V = Röm.-Germ. Forsch. 42, 1984.
Sievers 1999
S. Sievers, Vortrag zur Jahressitzung 1999 der Römisch-Germanischen Kommission. Manching, Aufstieg und Niedergang einer Keltenstadt. Ber. RGK 80, 1999, 5 ff.
Sievers 2003
S. Sievers, Auf dem Weg zur Stadt. Die keltische Oppidazivilisation. In: Menschen Zeiten Räume. Archäologie in Deutschland. Begleitband zur gleichnamigen Ausstellung, Berlin, Martin-Gropius-Bau, 6.12.2002 bis 31.3.2003, Bonn, Kunst- und Ausstellungshalle der Bundesrepublik Deutschland, 9.5. bis 24.8.2003 (Stuttgart 2002)
Sievers 2003
S. Sievers, Manching. Die Keltenstadt. Führer zu Arch. Denkmälern in Bayern, Oberbayern 3 (Stuttgart 2003)
Striewe 1996
K. Striewe, Studien zur Nauheimer Fibel und ähnlichen Formen der Spätlatènezeit (1996)
Tappert 2002
C. Tappert, Ein Blick auf die jüngsten keltischen Funde in Straubing. Spätlatènezeitliche Siedlungsfunde aus der ehemaligen Lehmgrube Mayr. Jahresber. Hist. Ver. Straubing 102, 2000 (2002), 71 ff.
Tappert 2002
C. Tappert, Straubing – ein Verkehrsknotenpunkt der Späthallstatt-/Frühlatènezeit. In: A. Lang / V. Salač (Hrsg.), Fernkontakte in der Eisenzeit. Konferenz Liblice 2000 (Prag 2002) 351 ff.
Tappert iD
C. Tappert, Die Gefäßkeramik des latènezeitlichen

Siedlungsplatzes Straubing-Bajuwarenstraße. Materialhefte zur bayerischen Vorgeschichte A 89 (im Druck).
Tappert iD
C. Tappert, Kelten und Germanen in Straubing. Jahresber. Hist. Ver. Straubing 106, 2004 (im Druck).
Teegen 2002
W.-R. Teegen, Von Tieropfern und Festmahlen, Arch. Deutschland 5, 2002, 27 ff.
Torbrügge 1963
W. Torbrügge, Oberpöring, Katalog zur Vorgeschichte einer Ortsmarkung (Kallmünz 1963)
Uenze 2000
H. P. Uenze, Vier neue Gräber der Mittellatènezeit aus Straubing. Jahresber. Hist. Ver. Straubing 100/1, 1998 (2000), 151 ff.
Urban 1989
O. H. Urban, Wegweiser in die Urgeschichte Österreichs. Archäologie sehen, erkennen, verstehen (Wien 1989)
Urban 2000
O. H. Urban, Der lange Weg zur Geschichte. Die Urgeschichte Österreichs. In: H. Wolfram (Hrsg.), Österreichische Geschichte bis 15 v. Chr. (Wien 2000)
Walke 1965
N. Walke, Das römische Donaukastell Straubing-Sorviodurum. Limesforschungen 3 (Berlin 1965)
Wieland 1999a
G. Wieland (Hrsg.), Keltische Viereckschanzen. Einem Rätsel auf der Spur (Stuttgart 1999) 195 ff.
Wieland 1999b
G. Wieland, Die keltischen Viereckschanzen von Fellbach-Schmiden (Rems-Murr-Kreis) und Ehningen (Kr. Böblingen). Forsch. und Ber. zur Vor- und Frühgesch. in Baden-Württemberg 80 (Stuttgart 1999)
Wieland 2000
G. Wieland, Keltische Fluss-Schifffahrt in Südwestdeutschland. In: Einbaum, Lastensegler, Dampfschiff. Frühe Schifffahrt in Südwestdeutschland, ALManach 5/6, (Stuttgart 2000) 77 ff.
Wieland 2005
G. Wieland, Die späten Kelten. In: Imperium Romanum. Roms Provinzen an Neckar, Rhein und Donau (Stuttgart 2005) 63 ff.
Wolff 1999
H. Wolff, Neue Militärdiplome aus Künzing (Lkr. Deggendorf) und der Stadt Straubing, Niederbayern. Ostbair. Grenzmarken 41, 1999, 9 ff.
Zuber 2004
J. Zuber, Zur eisenzeitlichen Besiedlung in Burgweinting, Stadt Regensburg. In: M. Chytracek / J. Michalek / K. Schmotz (Hrsg.), Archäologische Arbeitsgemeinschaft Ostbayern/West- und Südböhmen. 13. Treffen 25. bis 27. Juni 2003 Pfreimd (Rahden/Westf. 2004) 35 ff.

Museum für Urgeschichte des Landes Niederösterreich, Asparn a.d. Zaya
Franz-Hampl-Platz 1, A-2151 Asparn/Zaya
Tel.: +43/2577/ 8039. Fax +43/2577/ 8039-49910
www.urgeschichte.com, E-Mail: asparn.urgeschichte@noel.gv.at
Geöffnet: 1. April - 26. November, Di. - Fr. 9.00 - 17.00 Uhr
Sa, So und Feiertag 10.00 - 18.00 Uhr
Ab 11. September auch Montag geöffnet.
10. Juni - 20. August jeden Freitag, Samstag, Sonntag u. Feiertag bis 20.00 Uhr geöffnet.

Keltenmuseum Heuneburg
Ortsstraße 2, D-88518 Herbertingen-Hundersingen,
Tel.: +49/7586 / 917303. Fax +49/7586 / 917304
www.heuneburg.de, E-Mail: flm.heuneburg@t-online.de
Geöffnet: 1. April - 1. November: Dienstag - Sonntag 10.00 - 16.30 Uhr
Juli - August: Dienstag - Sonntag 10.00 - 18.00 Uhr

Museum Quintana - Archäologie in Künzing
Osterhofener Straße 2, D-94550 Künzing, Tel.: +49/8549 / 9731-12, Fax +49/8549 / 9731-11
www.museum-quintana.de, E-Mail: museum@kuenzing.de
Geöffnet: Mai - September: Dienstag - Sonntag 10.00 - 17.00 Uhr
Oktober - April: Dienstag - Sonntag 10.00 - 16.00 Uhr

AUTORENVERZEICHNIS

Dr. Eva Bayer-Niemeier
Museum Quintana – Archäologie in Künzing
Osterhofener Str. 2
D-94550 Künzing
museum@kuenzing.de

Dr. Jörg Bofinger
Landesamt für Denkmalpflege Baden-Württemberg
Regierungspräsidium Stuttgart,
Referat 114 Berliner Str. 12
D-73728 Esslingen
joerg.bofinger@rps.bwl.de

Sabine Hagmann, M.A.
Keltenmuseum Heuneburg
Ortsstraße 2
D-88518 Herbertingen/ Hundersingen
flm.heuneburg@t-online.de

Dr. Veronika Holzer
Naturhistorisches Museum Wien
Prähistorische Abteilung
Burgring 7
A-1014 Wien
Veronika.Holzer@nhm-wien.ac.at

Dr. Claus-Michael Hüssen
Römisch-Germanische Kommission des
Deutschen Archäologischen Instituts,
ForschungsstelleAuf der Schanz 45
D-85049 Ingolstadt
huessen@rgk.dainst.de

Dr. Walter Irlinger
Bayerisches Landesamt für Denkmalpflege
Hofgraben 4
D-80539 München
Walter.Irlinger@blfd.bayen.de

Dr. Ernst Lauermann
Museum für Urgeschichte des Landes Niederösterreich,
Asparn a. d. Zaya
Franz-Hampl-Platz 1
A-2151 Asparn a. d. Zaya
ernst.lauermann@noel.gy.at

Dr. Jörg-Peter Niemeier
Stadtarchäologie Passau
Schrottgasse 2
D-94032 Passau
joerg-peter.niemeier@passau.de

Dr. Karl Schmotz
Kreisarchäologie Deggendorf
Herrenstr. 18
D-94469 Deggendorf
SchmotzK@lra-deg.bayern.de

Dr. Claudia Tappert
Niedersächsisches Landesmuseum Hannover
Willi-Brandt-Allee 5
D-30169 Hannover
claudia_tappert@yahoo.de